增补版

学妖与四姨太效应
科学文化对话集

田松 刘华杰 著

生活·讀書·新知 三联书店

Copyright © 2020 by SDX Joint Publishing Company.
All Rights Reserved.

本作品版权由生活·读书·新知三联书店所有。
未经许可，不得翻印。

图书在版编目（CIP）数据

学妖与四姨太效应：科学文化对话集（增补版）／田松，刘华杰著．—北京：生活·读书·新知三联书店，2020.6
ISBN 978-7-108-06660-2

Ⅰ.①学… Ⅱ.①田…②刘… Ⅲ.①科学社会学－文集 Ⅳ.① G301

中国版本图书馆 CIP 数据核字（2019）第 167930 号

责任编辑	徐国强
装帧设计	薛　宇
责任校对	安进平
责任印制	徐　方
出版发行	生活·讀書·新知 三联书店
	（北京市东城区美术馆东街 22 号 100010）
网　　址	www.sdxjpc.com
经　　销	新华书店
印　　刷	河北鹏润印刷有限公司
版　　次	2020 年 6 月北京第 1 版
	2020 年 6 月北京第 1 次印刷
开　　本	880 毫米 × 1230 毫米　1/32　印张 6.5
字　　数	151 千字
印　　数	0,001-6,000 册
定　　价	45.00 元

（印装查询：01064002715；邮购查询：01084010542）

目 录

推荐序　我们为什么需要思考这些问题？　　江晓原 ▶▶▶ 1

初版序　从泥土中生长，在对话中学习　　田松 ▶▶▶ 5

第二版补记　　刘华杰 ▶▶▶ 12

"学妖"与"四姨太效应" ▶▶▶ 15

激情与科学的态度：从老中医绝食说起 ▶▶▶ 31

一个辉煌时代的终结：对国际物理年的另一种纪念 ▶▶▶ 43

民间科学与类科学 ▶▶▶ 61

阿米什人与传统纳西族的生存逻辑 ▶▶▶ 81

规律可不可以被违背？ ▶▶▶ 103

"真"的实在抑或幻境 ▶▶▶ 117

知识：立场与变焦 ▶▶▶ 129

食物是物种之间的中介 ▶▶▶ 151

哲学的技术化：升华还是死路？ ▶▶▶ 167

实质等同与实质不同 ▶▶▶ 179

卡辛斯基与工业文明批判 ▶▶▶ 191

后　记　田松 ▶▶▶ 205

推荐序
我们为什么需要思考这些问题?

江晓原

想不到张艺谋的著名影片《大红灯笼高高挂》,居然衍生出一个典故来——"四姨太效应"。四姨太(巩俐饰)本未怀孕,但她诈称怀孕,希望由此赢得老爷的宠爱,就可以增加怀孕的机会,一旦真的怀上,自然就有功无过,万事大吉了。四姨太的这个"智慧",早已被我们的一些"学术精英"领悟,立即在学术界轰轰烈烈地展开向《大红灯笼高高挂》"致敬"的运动——对此田松是这样描述的:

> 一个学术单位,虽然实力不够,但是可以假装够……只要骗得"上面"的信任,就能得到项目、工程、基地等名分,就意味着得到经费、名额、指标。在现行学术机制下,这些大项目、大工程可以在很大程度上决定一个学术单位的发展,乃至于命运。有的项目经费高达千万元,乃至上亿元。一个单位有了这样的资金支持,不需要特别优秀的管理者,只要管理者相对不错,这个单位就不可能不发展……这时候,假的也就变成了真的。

说实话,这种现象我们如今早已司空见惯了。

其实"学妖"一词，或许容易带来误解，因为他们认为"学妖"的作用并非完全是负面的，他们甚至还将"学妖"和物理学中的"麦克斯韦妖"类比。但在我们通常的语境中，"妖"字所引起的联想几乎总是负面的，如"妖言惑众""妖魔鬼怪""妖形怪状""妖孽"等。故"学妖"一词很容易让人产生完全负面的联想。而事实上，按照本书的定义，今天学术界的不少组织者都有可能被列入"学妖"范畴。

田松和刘华杰在这本书中，共讨论了12个与科学文化有关的问题，"学妖与四姨太效应"只是其中的第一个。本书讨论的另外11个问题依次是：

对于当今科学不能解释的现象，以及和当今科学不相容的理论，我们应该持什么态度？

物理科学的辉煌时代过去了吗？

应该如何看待民间科学爱好者？应该如何看待伪科学？

阿米什人和纳西族今天拒绝过现代化生活是可能的吗？他们的故事对我们有何意义？

规律可不可以被违背？

如何看待外部世界的客观性问题？

工业文明（现代化社会）的前景如何？

怎样从更深的层面来认识我们和食物之间的关系？

日益脱离现实和时代的哲学如何自救？

在当下的各种科学争议中，"实质等同原则"为何不应被滥用？

如何看待卡辛斯基对工业文明的批判？

这些问题有联系吗？答案是：有！而且有着相当紧密的联系。相对来说，"学妖与四姨太效应"倒恰恰是最游离于本书主题的。它之所以荣膺作为全书书名的待遇，估计是因为它最容易吸引眼球。

田松教授和刘华杰教授，分别执教于北京师范大学和北京大学，可以说都是国内最优秀的中青年学者行列中的成员。他们为什么要讨论上面这些问题呢？

答案是：因为他们是"反科学文化人"。

这群学者，主要执教于北京大学、清华大学、上海交通大学、北京师范大学等高校，还有部分成员供职于京沪两地的出版社和报社。最初他们被媒体称为"科学文化人"，但因为他们对流行的唯科学主义观念持全面批判的态度，遂被一些唯科学主义者指斥为"反科学文化人"。然而，就如"印象派"这个名称最初也是嘲笑贬斥之辞，但曾几何时已经成为一派画风的响亮名称一样，这些学者觉得"反科学文化人"这个名称也很不错，更明确地反映出了他们对唯科学主义的批判立场，何妨就笑而受之呢？

而上面所列的这11个问题，都和对唯科学主义的批判有关。要清算和批判唯科学主义，就需要对这些问题进行深入的思考和讨论。这种思考和讨论，在"反科学文化人"而言是长期不间断地进行着的。现在田松和刘华杰将他们两人近年的十二次长谈整理出来，汇集成书，实为颇具功德之举。

这些对谈有何功德？答案是：将原先在学者小圈子中探讨的问题，以深入浅出的形式介绍给公众，这对我们社会的健康发展大有帮助。

因为很长时期以来，唯科学主义的观念，广泛渗透在我们的学校教育和大众传媒中。例如，对于上述11个问题，许多公众从未认真思考过，而是满足于学校教科书上的"标准答案"或是人云亦云的结论（如"伪科学是科学的敌人""规律不可以违背""外部世界的绝对客观性"等）。

我自己在多次演讲结束后与听众的互动中发现：其实对唯科学主义进行批判和反思，并没有我们最初想象的那样困难；而听众接受这种批判和反思的观点，也没有我们最初想象的那样困难。有一次我到一个海军院校为年轻的海军技术军官们演讲，事后他们的副校长对我说的话，很有代表性，这位将军说："江教授，你讲得很有道理，其实你讲的并不难接受，只是大家以前没有去思考那些问题而已。"

对于本书中的思考和讨论，读者也完全可以作如是观。

我们为什么需要思考这些问题？

因为这些问题很重要，而且我们以前没有尝试去思考过这些问题。

或者，我们没有尝试用本书两位作者所用的方法去思考过这些问题。

江晓原

2019年8月18日

上海交通大学科学史与科学文化研究院

初版序

从泥土中生长，在对话中学习

田松

这个集子收录了我和华杰从2005年开始的若干篇对话。

读完校样，已经是2012年的第一天了。距离我们的第一篇对话已经整整七年。这个集子记录了我们这些年思考的部分问题，也记录了思考的部分过程。读校样，感觉是在穿越。有些自己说过的话已经感到陌生，竟然能有惊奇之感；也能从华杰的话中，体会出与当年不同的意味。

在我的学术朋友中，我与华杰学术合作最多。我曾经说过，我们这些学术上的朋友之所以能够长期在一起，是因为我们真诚地欣赏彼此。晓原兄对此颇为赞赏。我与华杰的交往更加密切，则有多重机缘。第一层，我们同是东北人，年龄相近，也曾两年在同一个教研室，相处的机会比较多；第二层，我们有大致相同的是非感、道德感、社会责任感，对于这个世界，我们都怀有善意和温情；第三层，我们的学术理念大体一致，都关心社会现实，都习惯于用理论解释当下的社会现象，并从现象中提出问题，建构理论。

一

　　我们面对着两重世界，一个是现实世界，一个是文本世界。在当下的学院教育中，尤其是哲学系的学院教育中，我们过分地看重文本，强调文本的研读和继承，也惯于讨论文本中的问题，从文本中寻找问题。甚至，久而久之，已经没有了面对世界的能力。在过去的2011年中，发生了很多让人们震惊的事情，比如小悦悦事件、日本福岛核泄漏事件、动车追尾事件、蒙牛添加剂事件、康菲渤海漏油事件；在过去的七年里，这样的事件就更多了。有些学者可能觉得这与他们的学术无关，或者相去甚远。但是我们却总是不由得去想：这个世界怎么了？为什么会出现这些现象？我们为什么会以这种方式生存？从社会现象思考社会问题，进而思考文明问题。

　　我们本能地要使用我们学过的理论，研读过的经典，对这些现象加以分析。反过来，也以这些现象为案例，对理论和经典进行调整和拷问。甚至，我和华杰的很多工作都是基于一定的社会理论，从鲜活的社会现象中直接产生出来的，是为了解释现象而建构出来的。比如本书的标题，华杰提出的"学妖"概念，我提出的"四姨太效应"，都首先是基于中国学术共同体的实际运作过程而提出的。华杰对"类科学"的研究，我对"民间科学"的研究，也都是对中国具体的、特殊的乃至于独特的社会现象的描述和解释。

　　在科学传播理论建构的过程中，华杰与我都深有体会。在2000年之前，我们都是本能地把科学哲学、科学史和科学社会学的基本理论应用到中国科学传播的具体现象上来，进而得到一些基本结论和共识。我们并没有依赖外国学者的理论，在某种意义上，我们的探索有自己的独立性，虽然他们起步比我们要早得多。他们的工作对我们有借鉴意义，但是并非是必需的。就如下棋一样，规则就在那儿，你可以从棋谱学定式，也可以在实战中自己摸索出来。全然自己摸索，就成了"民科"；全靠打谱，则全无下棋的乐趣。更何况，人生有限，而文献是读不完的。

所以我说，原创基于自己的问题。但是，我们的动因首先不是提出一个所谓原创的理论，而是解释我们自己的困惑。

文明本身是我们最大的困惑。

我自己的学术领域极为芜杂，表面上不相统属。我自己费尽心思做了一个总结，说我的思考围绕两个中心：个体的幸福与人类的生存。我虽然没有看到华杰有明确的类似的表述，但是我相信他也是赞同的，且亲身实行的。在我们这八篇学术对话中，最初，我们讨论的是相对具体的问题；越到后来，讨论了越多的宏大的文明问题。乃至于最后一篇对话的主题就是文明问题，人类作为一个整体应该如何生存。早期那些具体的问题，也在这个语境下获得了新的阐释。从总的学术方向上说，我们都逐渐地否定了追求普遍性、统一性的哲学，而强调地方性、多样性，我从人类学中受益颇多，华杰则提出了博物学纲领。在我们长期的学术合作中，我们彼此都从对方受益。

二

这几篇对话涉及科学哲学、科学社会学、STS（科学、技术与社会）、科学传播、人类学以及文明研究等多个领域。话题杂，不成系统，印证了我们的学术趣味。其中既有相对抽象的形而上问题，也有对当下社会现实的直接讨论。在某种意义上，社会现实更加重要，有些相对抽象的问题，比如对于"真"的讨论，也是有着现实语境的。

这个集子几乎是按照对话次序编排的，只有前两篇的时间次序是颠倒的。第一篇对话《"学妖"与"四姨太效应"》，属于科学社会学的范畴。清华的蒋劲松认为，"学妖""四姨太效应"这两个概念是中国学者在这个领域的重大原创。把这篇作为开头，可能是华杰认为，这一篇更能代表我们的学术风格。它们基于中国的学术现实，也有更普遍的概括力。现在，这两个概念已经开始被国际同行所接受。

第二篇对话《激情与科学的态度》讨论了一个具体的事件：2004年，四川一位老中医公开表演绝食，达49天，此事件被某报列为2004年十大科技假新闻之一。我们的对话涉及科学哲学的一些基本问题，也涉及科学传播。

第三篇对话《一个辉煌时代的终结》是由2005年国际物理年引出的讨论。那一年，全世界都在对物理学进行歌颂、回顾与展望，我们则从反面看，说说不好的那一面。牛顿范式物理学的机械论、还原论、决定论自然观已经潜入整个人类的思想深处，改变了我们对于世界的基本理解，也改变了世界本身。我们当下的基于科学技术的工业文明，以及全球性的生态危机环境危机，都与经典物理学及其所承载的思想有着莫大的关联。

第四篇对话《民间科学与类科学》是我们两人的专项研究，属于综合性案例研究，结合了科学社会学、STS和人类学。在国内同行中，华杰是第一位系统研究"类科学"现象的学者，我是第一位系统研究"民间科学"现象的学者。"类科学"是华杰的命名，他试图用相对中性的词语来描述通常被视为"伪科学"的现象。我也对"民间科学爱好者"做了特殊的界定。我们的研究有很多相似之处，都是把以往不被视为严肃学术研究对象的群体，通过我们的研究工作，使之成为学术对象。这篇对话交换了我们对对方研究的看法，也比较了我们的异同。

第五篇对话《阿米什人与传统纳西族的生存逻辑》讨论的问题超越了我们的专业范畴。华杰是最早在国内介绍美国阿米什人的学者之一，我曾对中国的纳西族做过研究。这篇对话把这两个民族做了比较，讨论了"什么生活是好的生活"的问题。这篇对话可以视为文明研究的一部分。

第六篇对话《规律可不可以被违背？》讨论了一个基本的哲学问题，什么是规律。我们通常所说的规律是什么意思，规律能否被违背，如果我们违背了，规律能否惩罚我们？这些问题很古老，但我们是在一个新的语境下加以讨论的。在我们以往的实在论的本体论和可知论的认识论背景之下，这些问题都是确定无疑的，不需要讨论。在我们缺省配置的前提发生变化之后，对这些问题又有了新的思考和回答。这时我们从人类学又回到了哲学。

第七篇对话《"真"的实在抑或幻境》延续了第六篇的思考，对于什么是"真"表示了怀疑，最后，我们都主张，在真、善、美三者中，把"善"排在第一位，"真"排在最后。

第八篇对话《知识：立场与变焦》讨论的是一本书，美国政治学和人类学教授詹姆斯·斯科特的《国家的视角》，我们与作者的专业背景不同，但是作者的很多方法和结论都与我们有共通之处，比如对于机械自然观的批判、对于极端现代主义（科学主义）的否定、对于地方性知识的关注，可谓殊途同归。这篇也可以视为文明研究的一部分。

三

对话是一种鲜活的学术合作方式。

每人所擅长的学术领域和方法不同,通过对话,我们可以相互了解对方就某个具体问题的观点,相互分享,讨论,辩论;在对话的过程中,说服对方,肯定自身,并学习对方,改正自身。

这些对话都是通过电子邮件进行的。与直接的言语对话相比,以文字形式呈现的对话,现场感不强,也常常没有即时回应,但是从学术合作的角度,却有特殊的好处。因为面对的是文本,相对静态,可三思而后答。自己的文字发出去之前,也可以重新审视、修正。最后,直接形成文本,极为便利。

江晓原与刘兵两位教授非常善于采用这种合作方式,他们的系列对话竟然延续十年之久,深为同行所敬佩。华杰也精于此道。2005 年"敬畏自然"大讨论的时候,华杰曾在春节期间,组织刘兵、苏贤贵和我就此事进行了几轮讨论,在两个星期左右的时间里,完成了一部书稿《敬畏自然》(河北大学出版社,2005 年)。一方面,我们充分表达各自的观点,另一方面,我们也相互学习。我对环境哲学的初步理解,主要是来自在这场对话中苏贤贵的发言。华杰也是最早对民间科学爱好者进行访谈的学者,提供了民科研究的重要文本。2009 年,他曾与张华夏教授就科学伦理问题展开对话,与老一代学者展开学术合作,我从中受益颇多。2011 年,他与江晓原、刘兵教授关于博物学纲领的对话也是一份重要的文献。

本书的对话主题基本上是华杰倡导的,所以对话常常由他首先发问。华杰手快,也擅长专心做一件事儿,常常我邮件发出不久,就能看到他的回应;而我则要拖上一两天,甚至是几个月、半年;

最后在华杰的催促下，才有所反应。所以，这篇对话的主要功劳是华杰的。这个文集也主要是他来编排的。

是为序。

2012年1月4日
北京向阳小院

（这是为本书第一版——上海交通大学出版社2012年版——所写的序言。这里保持原貌，稍作删节）

第二版补记

刘华杰

对话集《学妖与四姨太效应》初版由上海交通大学出版社于2012年8月出版，现在是2019年7月下旬，不知不觉已过去七年了。此次转由三联书店出第二版，新增了四篇对话，就篇数论，二版比一版增加了二分之一。先对此四篇略作说明。

《食物是物种之间的中介》借一部电视片从博物学、营养学、生态学和哲学角度谈食物。"人吃什么人就是什么"，这话虽极端，却包含着道理。食物是什么？这里把迈克尔·波伦的命题"食物是人与环境之间的中介"变为"食物是物种之间的中介"。

《哲学的技术化：升华还是死路？》谈现代学院派哲学的工作方式，带有强烈批评之意。当代哲学只在特定的舞台上显得风光，其实也背离了"生活世界"。但与科学界的情况很不同。哲学所呈现的故作清高的书卷气其实是其无力面对现实、时代的表现。而社会学、人类学对哲学工作者来说，确实是一种解毒剂，其目的不是取消哲学，而是改变哲学。

《实质等同与实质不同》源于一个看似有理的原则"实质等同"。我们对当下的基因修饰生物宣传持批评态度，一个重要原因就是其倡导者提供的论证非常可疑。

《卡辛斯基与工业文明批判》是最后一篇，问题却很沉重。

田松和我都能感受到大学教授卡辛斯基面对现代性疯狂的那种绝望。当下普通人能立即认识到炸弹客的疯狂，却不能看清现代性逻辑的疯狂。恐怖行动不能得到支持，但卡辛斯基对工业文明的批判依然有道理。

对话，对于哲学工作者意味着什么？不用反复提及《对话录》或《论语》，于我们于许多人，它是一种最基本的学术交流。有效交流的条件是开放、坦诚，结果是澄清、相互学习、确认或改变、再出发。

这十二篇对话，主题五花八门，核心还是哲学。事后看来，总的基调是对强者进行反思、批判，对弱者进行发掘、论证。真的不是事先设计的，但这与我们的原则、信念相容。真正的哲学工作者、学者不需要为强者辩护。今天读到刘孝廷教授转发的一则微信推送《被"圈养"的中国教授》，我立即想到"豢""宦"两字。"宦"是广义的，不限于宫中，不分中外，也包含多个层级。"宦学者"多得很，力量足够强大，没必要再为之添砖加瓦。

进行中的对话，论题和结论都是开放的，欢迎读者批评、参与。

今天看校样，读着十几年前就启动的对话，感慨良多，也想说几句题外话。

田松长我一岁，我们是老乡，都出生在东北吉林省，一个四平，一个通化。我们的学术友谊保持这么久，看似平常，也实属不易；我们对学术的认真或天真在这个社会显得多少有些奢侈。

田松和我有许多共同的爱好（当然也有许多不同的爱好），我们的关系确实很密切，甚至有人用"基友""好基友"来形容。我不得不说，松哥（圈里人都这样称呼）对我非常照顾、包涵，一次次忍受了我的任性、固执、孩子气。我们的友谊已达二十几年，其间我从松哥那里学到了许多许多；我们的学生也彼此互通有无，我的学生就是他的学生,他的学生就是我的学生。不过,可以澄清的一点是,无涉性取向。要论"性趣",我们都属于典型的异性恋者。

  感谢这个时代,感谢上海交通大学出版社、三联书店,感谢曾刊发我们对话的报刊!
  感谢田松!

2019 年 7 月 21 日

北京西三旗

"学妖"与"四姨太效应"

2005年7—8月,北京—长沙。本文以"学术相声"的形式于2005年8月16日在第十二届全国科学哲学会议(长沙)大会上报告过,引起强烈反响。摘要刊于《科技中国》杂志2005年第10期,后收录于《科学传播读本》,上海交通大学出版社,2007年。

刘华杰(2005.07.05):2004年12月24日北师大科学与人文中心刘晓力教授组织了一次关于科学规范与科学文化的小型研讨会。会上,我报告了一个自己考虑很久的问题,发言为《"科学共同体"的神秘性:"学妖"的社会角色》。"学妖"一词立即引起部分同行的兴趣,一时有男学妖、女学妖,大学妖、小学妖,内行学妖、外行学妖,好学妖、坏学妖诸说法。看来此词有一定的概括力和说明力,也促进了人们对科学之社会运作的思考。

此前,你曾提出"四姨太效应"的说法。我想,"学妖"(academic demon)及"四姨太效应"(the fourth concubine effect)等,都属于科学社会学的范畴,是对中国当前社会中科学技术知识"生产"方式特点的某种概括。这回我们就来稍详细地介绍一下这两个"模型"或者"隐喻"。

田松（2005.07.06）："学妖"这个词很形象，很有概括力。一个形象的词能够提供人们更多的想象空间，无形中有助于学术思想的流通和生长。虽然有些严肃的学者可能不喜欢这样的方式，但是我喜欢。

也是在那次会议上，曹南燕老师就学术界的过度包装做了一个发言。接着曹老师的话茬儿，我说了"四姨太效应"。这是"四姨太效应"第一次公开亮相。不过这个想法是在去年11月无意中冒出来的。你应该记得，当时我们在南京大学参加一个"科学大战与后现代科学观"的研讨会，其间刘兵带着你我前往江苏人民出版社，在出租车里，我们谈到了当时各高校正在申请的一个某部的项目，因为这个项目被一家很多人认为实力不够的单位获得了，引起了议论。我在车里忽然想到了《大红灯笼高高挂》巩俐扮演的颂莲，四姨太。四姨太为了争宠，假装怀孕，最后事情泄露。好心的大少爷对她说："你也真蠢，怀孕这种事，做假能假得了几天？"四姨太说："我不蠢！我早就算计好了，开始是假的，只要老爷天天到我这儿，日子久了不就成真的了？"

刘华杰：你应当利用这个机会更详细地说说其中的缘由，毕竟多数人还没听说过"四姨太效应"，知道"马太效应"的倒有一些。

田松："日子久了不就成真的了？"四姨太不愧是念过书的，话里透着智慧。四姨太的对策其实有很高的成算，虽然怀孕是假装的，但是由此引来老爷格外的关注，经常来她房间过夜，就有了更多怀孕的机会，与此同时，其他姨太太则减少了怀孕的机会。只要老爷和四姨太生理功能正常，最多一两个月，假的就能变成真的。到了那时，就算有人知道了当初的假，又能怎样呢！

一个学术单位，虽然实力不够，但是可以假装够——就是曹老师说的过度包装——只要骗得"上面"的信任，就能得到项目、工程、基地等名分，就意味着得到经费、名额、指标。在现行学术机制下，这些大项目、大工程可以在很大程度上决定一个学术单位的发展，乃至于命运。有的项目经费高达千万元，乃至上亿元。一个单位有了这样的资金支持，不需要特别优秀的管理者，只要管理者相对不错，这个单位就不可能不发展。比如用最直接的办法，把学界公认的本领域最优秀的学者和最有潜力的新秀高薪挖来几个，这个单位的实力一下子就可以提高几个数量级。这时候，假的也就变成了真的。

这就是当下学术体制中的"四姨太效应"，与你的"学妖"理论，算是相映成趣吧！

刘华杰（2005.07.07）：念了半年大学的颂莲深深懂得"老爷"有限精子条件下的资源分配问题，她的假孕主张只是想提高真实受孕的机会。对于科学事业，这种策略在某种条件下也未必一无是处。它的危险在于，它的持续作用或者多阶段的迭代过程可能使老爷错过真实生育的机会，即导致老爷断子绝孙（逼急了也可能上演通奸及"狸猫换太子"一类极端故事），对于科学事业，相应的结局人们自然可以猜到。

我们可以把"四姨太效应"与科学社会学中著名的"马太效应"做对比。默顿说的"马太效应"讲的主要是后来的事情运作和正反馈放大过程，而"四姨太效应"主要讲述事情的形成过程，它将为"马太效应"提供一种"前件"。于是，"四姨太效应"＋"马太效应"将构成一个完整的故事。两者都有一个"太"字，也算一种巧合吧！一个来自希伯来文明，一个来自儒家文明！

虽然"四姨太效应"和"学妖"都有具体的原型，但是它们有一般性，在科学社会学中可以指一种特定的社会角色。

田松："学妖"一词的提出，得益于什么呢？

刘华杰："学妖"一词字面上直接得益于"麦克斯韦妖"（Maxwell's demon）、"拉普拉斯妖"（Laplace's demon），甚至"金妖"（Jin's demon）等，其中的"金"指你的博士导师金吾伦先生，"金妖"好像是张华夏教授命名的。不过，在学理上，这个概念主要得自经典科学社会学和SSK（科学知识社会学）。

现代科学技术的运作在规模和组织方式上都根本远远不同于"二战"以前的情况。我们看到的科学事件的发生，只是一种外表现象。柏拉图有一个"洞穴"影像隐喻，我们某种程度上也是洞穴中的囚徒，不知道形成影像的背后机制（对应地，在中国有"驴皮影"表演，只是观众的位置有些变化）。

科学社会学道出了现代科学运作的一个核心机制：科学共同体及其同行评议。这一条几乎可以解释科学技术运作的许多方面。但是科学共同体是如何形成或者组建的？什么是学术同行？此"同行"是如何聚类的？我们承认科学共同体及其同行评议的重要性，但是与此同时，许多时候要考问更多更深层的问题，特别是对于许多事情尚未步入规范运作阶段的中国现实而言。从现象学的角度看，使科学共同体的运作成为可能的隐而不显的操作者，更为重要、更值得研究。说白了，谁有权力提供第一推动使某人成为科学共同体的一成员？

此操作者可以是学者，也可以不是学者，可以是大学者（如院士）、杰出专家或一般科研人员，也可以是幕后的"包工头"，甚至小人物。他们的共同点是：(1)智商较高，有相当的组织能力；(2)有很强的游说能力，能说会道，能很好地协调人际关系；(3)一般不把自己置于显赫的座次，但是人人都知道其特殊地位。他们中相当一部分表面上通常只是小人物，比如编辑、秘书、小官员、办事人、召集人、活动家、记者等，与台面上"公开表演"的科学共同体同行们显赫而正规的身份相比，这些操作者，即所说的学妖，身份甚至有点卑微或者故作卑微状以图大事。

简要说，学妖是中国当前的学术制度的一个组成部分，他们在同行评议中担负重要角色，在学术民主、资格评定等过程中发挥重要作用。学妖的主要职责不是亲自评议，而是使评议如期如愿地实施，即组织同行评议。组织同行评议有诸多逻辑可能性，但现实中往往有一些习惯性安排。学妖所从事的工作有正义的和非正义的。我不会简单地认为学妖只起副作用，只做坏事，那样评价是极错误的。实际上，总体讲他们做对称性的工作，社会学家应当无偏见地看待。

田松：如果说有所区别的话，以前的那些"妖"都是属于科学哲学的，你这个"学妖"则是社会学的。这倒是可以看到我们这个行当所关注的核心问题的转移。从科学知识到科学家，从科学共同体到科学共同体如何运作，这是一个不断向外的过程。

"学妖"这个词隐喻着我们的学术活动背后某种不为人注意的机制，涉及权威如何成为权威的问题。以往我们关注的是，权威作为个人，是怎样成为权威的，比如发愤苦学、志存高远等。但是学妖则让我们注意到这个问题：作为有可能成为权威的个人，是怎样凸显出来、得以成为权威的。因为权威不是绝对的，你能够成为权威，这件事儿本身是需要更大的"权威"来认证的。所以我觉得学妖构成了一个界面。这个界面的一面是科学共同体，另一面是对权威有需求的群体，可以是公众，可以是政府，可以是企业，甚至也可以是其他领域的科学共同体。只有穿过了学妖这个界面的权威，才可能被需要权威的人视为权威。

这样的事情是屡见不鲜的。比如某人经常在某家媒体上以科学家的身份出现，针对某些与科学有关的社会现象发表意见。时间一长，在这家媒体的读者看来，这个人就是具有权威意义的科学家。如果很多媒体都这样说，那么就会有相当多的公众认为，这个人就是具有权威意义的科学家。再有类似事件发生，如果其他媒体没有请到这位先生发言，会觉得自己的权威性不够。然而，很有可能，这个人在他自己的共同体中只是一个普通的专家，远远算不上是权威。甚至也可能，他根本就不是那个共同体中的一员。

当然，学妖对于这个界面并没有绝对的控制权，但是有相当的调控能力。而不同的学妖，有意无意地调控着不同的界面。

如果按照界面的种类划分，你觉得是否可以简单地分成两类：（1）体制内学妖；（2）民间学妖？

刘华杰（2005.07.08）：可以简单地这样划分，但这样容易立即引出认知层面或者价值层面的判断，而从社会学或者人类学的角度看，应当尽可能事先不做这样的判断。即使做出了这样的划分，它们运作的过程也是十分相似的，而这种相似性是我们首先需要关注的。你说的"界面"概念很有意思，它相当于一层"膜"，膜两侧的势能、渗透压、社会地位不同。学妖的一种主要工作就是不停地建构大大小小的不同的界面。界面行使区别的功能，一旦建成，原本相差无几的普通同行，就可能形成天壤之别，具有完全不同的社会地位和公众形象。

科学家要走向社会，必须以某种办法传播自己、宣传自己、推销自己，这样的事情从伽利略那时就开始了，作为近代实验科学之父的伽利略本人甚至非常擅长此道（可参见《伽利略的女儿：科学、信仰和爱的历史回忆》，上海人民出版社2005年版）。但是，相比起"二战"之后的大科学，伽利略的社会活动数量级太低了，或者说现在的科学组织过程更为复杂。

如果说伽利略本人就是自己的学妖的话，那么现代的科学家一般不能直接面对社会，他们需要代言人（agent），学妖就是其一。在中国，院士称号是最高等级的科学技术荣誉，院士在中国享有极高的社会地位，对大大小小的事件具有发言权和权威，院士也频繁出席各种论坛、大小会议。媒体以及普通公众，可能只注意到（因为他们一般只看到这一层面）诸位院士走来走去、说东道西，却不晓得这些院士何以"出场"。一般说来，院士还比较乖，不会主动请缨，自己报名到媒体上发表言论，而是经某人（学妖）的邀请而出场的。当然，极个别院士除外。

在你说的"体制内"，院士们也几乎一样地活动，比如评审、论证某个项目，院士们一般并不知道项目的存在，或者知道了也不晓得何时启动哪项程序。通常，需要地位虽低但能操纵院士的小人物（学妖），对院士的出席与否做出细致安排，甚至细化到座次排定、发言次序等等细节。学妖的行为极类似于"麦克斯韦妖"的行为，他似乎具有某种特殊的能力，迅速而准确地做出判断，操控开关，决定某个人（分子）归属于界面的哪一侧。

我们看出来了，标准是重要的，但是标准是隐而不显的，学妖具体掌握着标准。

好像说来说去，还是隐含着展现了学妖的负面效应，其实我本来并不是这个意思。

田松（2005.07.08）：不错，我也发现，从界面这个角度看，学妖和麦克斯韦妖的功能是极为类似的。不同的是，麦克斯韦妖是一种不可能之妖，而学妖则是现实之妖。

我觉得，把四姨太效应、学妖以及马太效应连起来，可以讲一个比较完整的故事。马太效应是说，让有的更有，没有的更没有。但使有者更有、无者更无的动力机制是什么？在《圣经》里没有讲，似乎是出于一种神秘的力量，或者某个主导者（老爷？）的神秘意愿。而四姨太效应则有其内部的解释，该效应之所以能够成立，关键在于"假孕能够提高真孕的机会"。假孕必然引起两种关注，一是老爷的关注导致了真孕的可能性，二是其他姨太和丫鬟的关注导致了被揭穿的可能性。这两种可能性相互竞争，哪种可能性增加得快，哪种结果就会出现。倘若只有后者没有前者，启动四姨太效应肯定是个疯狂的愚蠢行为。但是由于存在前者，四姨太效应就是一种大胜大败（有者更有、无者更无）的风险策略。在电影中，由于丫鬟和二姨太的作用，四姨太被揭露，于是形成了无者更无的结果。但是在我们的现实学术体制中，情况则复杂得多。在学术版的四姨太效应中，必须引入学妖的概念才能说得清楚一些。

首先，电影中的四姨太是否有孕，有明确的判断标准，这个标准不仅老爷掌握着，其他姨太和丫鬟也都掌握着。但是，一个学术机构有多大的能力完成多大的事情，并不是有和无的二值逻辑，而是一个连续谱。所以真孕假孕，取决于由谁来定义，谁来判断。我们在南京谈到的那个学术机构获得某项目，也是通过正常的评审机制获得的。单从程序上说，可以做到每一步都没有问题。当然我们知道，其中可能是有问题的。比如评委中有几人就是那家机构的兼职或荣誉成员。但是，这不足以说明什么，因为很有可能每一个有资格做评委的人都是某个参评单位的兼职或荣誉成员，如果严格回避的话，可能在小的同行范围中根本找不出评委。所以这里关键可能是：是谁让这几位评委而不是另几位成为这个项目的评委！当然，这就是学妖了。学妖可能是个具体的人或者具体的机构，也可能根本不是具体的人，也不是具体的机构。在这里，学妖调控了姨太和老爷之间的界面。

其次，在学术机制中，被评判的对象可能不是真孕与假孕，而是是否可孕。在你被判定为可孕的时候，你马上就受孕了。因为判定本身就意味着得到经费，或者成为平台、基地。所以只要老爷关注，立即受孕。在启动四姨太效应到接受判断这个过程中，并不存在被揭穿的问题，只有得到与得不到的问题。马太效应在这里只表现为有者更有，而不表现为无者更无。

再次，孕后足月就要生产，但是在学术活动中，难产的可能性几乎没有。而婴儿是否健康，同样要经过同样的界面，被同一个老爷认可。所以这个婴儿很难被判定为不健康。即使出现非常糟糕的意外，甚至难产，"四姨太"也不会受到什么惩罚。并且，无论怎样，"四姨太"在此前已经得到的好处不会消失。

所以这样一来，学术活动中的四姨太效应只有收益，没有风险。自然会成为几乎所有学术机构的首选策略。

完整的故事大概是这样的。四姨太启动四姨太效应，争取老爷的关注，老爷自己不去判断，而是通过一个由学妖调控的界面进行判断，其他姨太和丫鬟的关注也必须通过界面完成，判断之后，马太效应出现，有者更有。

不知道这个故事讲清楚了没有？讲得是否中性？

刘华杰：我觉得，你讲得非常形象，充分运用了"metaphor"（隐喻）的好处（有关"metaphor"的说明能力，可参见 Mary Hesse

的经典论文)。我赞同你的贯穿性的讲述,完整的故事就是这样。

不过,可能由于这故事太不正经(据说学问都要装得很正经),所以读、听起来多少会令人觉得不会发生在科学界吧!事实上,这正是我们要明确的,科学界(以至于学术界)确实会发生但不是必然要发生这样的事情。学妖、四姨太效应、马太效应等,都是某种"片段性"关于实在过程的模型,只在满足一定的条件下才成立。

因此,现在我先要郑重地说说学妖的正面价值。学妖几乎是当代科学活动必不可少的一种制度性安排。某单位要把科学活动搞好、做出声势,必须有很好的学妖。

相比而言,四姨太效应稍稍具有贬义,但我们仍然可以平静地、中性地看待之。影片中三姨太曾说:"四妹,你刚来,老爷对你的新鲜劲还没过去,往后时间一长,你要是不给陈家添个儿子,苦日子就在后头了。虽说你是个读书的,我是个唱戏的,我们这种人都是一回事儿。"

如果人人都明白四姨太效应的作用机制,就会主动地防范它带来的过多的负面东西。说到底,运用四姨太效应可以是一种普通的博弈策略,在不违反法律和道德的情况下,部分社会主体确实可以采用。其他主体最好的对策是,先了解四姨太效应的具体机制,在项目初期申请及后期评审过程中采取正常程序把好关,把四姨太效应可能造成的不良影响控制在合理的、可忍受的范围之内。

田松(2005.07.11):褒贬本身是一种价值判断,这可能是一种矛盾。一方面我们尽可能地做中性的研究,一方面对于社会学而言,纯粹的中性研究是无意义的,也是不可能的。也许一个比较好的方案是：在研究之初，或者在研究的过程中，明确自己的价值倾向，把隐含的价值判断直接表达出来。价值判断总是相对的，我们只能以我们理想中的那种状态为标准，评判实际情况的好坏。

比如我们会觉得，最理想的状态是：通过了界面的专家就是被学术共同体普遍认可的那些专家，而不是学术共同体不大认可，甚至反对的那些。在这种对理想的设定中，其实隐含着学术共同体本位的思想：把学术共同体的价值作为价值，把学术共同体的标准作为标准。而如果是由于学妖的存在而导致了对这种价值和标准的偏离，就会被我们认为是一种负面的作用。但是，这里仍然存在的问题就是：（1）学术共同体所谓"公认的"专家，可能未必一致，也就是说，并不存在公认的某几个专家，不同的学者会有不同的提名和排行，所以这里面恐怕也存在界面和学妖的问题；（2）即使这个公认存在了，它是否就可以作为标准？

而事实上，由于界面本身的多样性，学妖的出现是必然的、必需的。所以我们讨论学妖以及四姨太，不是为了消灭学妖和四姨太，而是在了解了当下学术运作机制的情况下，指出机制内部隐含的问题，从而完善机制本身。

我们不妨谈几个学妖与四姨太应用的案例，通过案例，可以把问题讨论得更清楚一些。

刘华杰（2005.07.14）：现在研究生的导师一般被称为"boss"，即老板，外国、中国皆如此。这个"boss"相当于董事长还是总经理？可能两者兼有。此说法在多年前，我还是首先从留学生那里听说的，后来国内也有了，而且发展迅速。

美国的科学"老板"，喜欢招收印度、中国及俄罗斯来的学生，大量实验室工作由学生来承担，但做出了成果首先是老板的。这些学生平时一般自称"打工的"。美国三院（国家科学院、国家工程院、国家医学研究院）的手册《怎样当一名科学家：科学研究中的负责行为》中的一个指示性举例明确认可这种做法（见中国科学技术出版社2014年版，第36页），这意味着大科学就是这样运作的。"他比你先到"，他是老板，他说了算。不过，学界老板不能做得太过头，不能成为简单的"包工头"和"转包商"。抬头看，中国各学科的包工头式的人物已经太多了。这些包工头的主要职责是努力实现四姨太效应（初期，或者进入新领域时），进而实现马太效应，具体措施如：（1）借助公款用大部分时间参加各种会议；（2）负责申请、指导、管理、验收各类科研项目，或者担任某某"基地组织"的主任、首席科学家；（3）参与评定学术奖励并接受奖励；（4）大量招生，用少量时间象征性地从事一些研究工作，但署名的研究成果一般很多。

　　田松（2005.07.22）：的确，现在国内也是这样。这种现象也引起了很多人的愤怒，我原来在报社的时候，就曾经有一位相对基层的研究人员跟我讲述其主管领导的某些行为。该领导有职有权有地位，总能拿到大项目、大课题。他自己不做，只是分下去，让其他的研究员和研究生给他打工，他本人不但有绝对的经费支配权，发表文章也署名在前，尽管那些文章他甚至都看不懂。她把这位领导称为"学术地主"，和"包工头""转包商"的说法类似。这已经是十年前的事了，现在的情况恐怕更为严重吧。这种现象可能会被某些人称为学术腐败，被另一些人称为学术不端行为。但是，这种行为之所以出现，我想不应该仅仅归结为"包工头"和"地主"个人的道德问题。如果说这种现象不好，那么，它是否意味着我们现实的科学活动的运作机制出了什么问题？

你刚才说，不能太过分。但是，过分的界限应该画在什么地方？比如说，如果"地主们"不在文章前面署名，他们的行为是否就是正常的？或者说，"地主们"在什么样的情况下可以署名，在什么情况下不可以署名？如果一位"地主"几年不在文章前署名，他是否还可以安心地、稳定地当他的"地主"？比如，每个单位都有类似的考评制度，教授每年要发表第一作者文章多少多少，连续几年不能达标则如何如何。

我现在考虑，在我们讲的故事里，是否还应该有一个新的角色：学术明星或者学术能人。事实上，现在每个单位都希望包装出自己的学术能人。比如现在竞争院士的位置，不仅仅是院士候选人个人的事儿，更是单位的事儿。每个单位都希望包装出更多的学术能人，占据更多的两院院士之类的位置。这样的位置能够帮助它们充分地实现四姨太效应。

至于充分利用四姨太而成功的例子，我记得以前你说起过一位学术带头人，现在从我们这个讨论的角度，你是否有新的评价？

刘华杰（2005.08.13）：通过举例，把社会学意义上的某种角色具体化，不但有一定的风险，而且可能缩小了想象的空间。我看还是不讲出我的例子，而是希望读者搜索自己的例子，也欢迎对号入座。

田松（2005.08.13）：也许在我的这种比喻的框架下，不大会有人愿意承认自己是四姨太。不过在我们当前这种科研资助的框架下，启动四姨太效应可能是每个科研机构必然的策略吧。我们有太多的时间用在了填表上面。

"学妖"这个词虽然我们也尽量地从中性考虑，恐怕也不会有人愿意自我对号。还是你举个例子,或者打个比方吧。

刘华杰:学妖的组织过程直接影响到"同行评议"的结果。举个假想的例子:某重大水利工程项目(或者教育部的某个项目)是否要上马?假定一开始"随机"选择200位专家(其中相当多是院士)进行项目可行性论证,经初步调查发现,正好一半专家支持上此项目,而另一半反对,可谓泾渭分明、旗鼓相当。

此时学妖 A 出面,重新组织"更科学、更合理"的同行专家队伍进行"深入的"项目可行性论证。学妖 A 倾向于支持上此项目,因而其立场多少影响到其对同行专家的出场选择。在第二轮投票中,同行专家数量仍然保持在200位,但人员略有变动,其中某些人退出,某些人进入,投票结果为140:60,即赞成上此项目者明显居上风。此项目的论证有了转机。但是,此时学妖 B 出场,经其运作,同行专家投票的结果为30:170,即反对上此项目者取得绝对优势。再经过数年的科学论证。学妖 C、学妖 D、学妖 N 纷纷出场,最终此项目以200:0的干净结果通过了同行专家的论证,也就是说大家一致同意此项目立即上马。

至此,该项目的可行性业已得到"科学的充分论证",这相当于一群科学家以科学共同体的名义为此项目"背书",即以科学的名义、以科学家的职业信誉为该项目的合理性、合法性进行了担保。在上述整个过程中,学妖的活动始终是隐而不显的,但其作用却是相当大的。我无意指责其中任何一个学妖做了不该做的事情,因为当代科学技术活动总是一定程度上需要学妖的角色,不是 A 就是 B 担任此角色,而每个人都是有立场的,都是价值渗透的。

有些学妖的工作做得相当不错,比如某某(考虑到误读的可能性，隐去真名）。

时代已经不可逆转，我们并非想指责某些"学妖"或者"四姨太"，而是希望更多的人关注科学之社会运作的具体机制，让人们争做"好学妖"和"明智的四姨太"，而不是相反。离开了"学妖"和"四姨太"，当代科学就会瓦解。

田松（2005.08.13）：这个话题涉及的问题比较多，很多问题还需要更深入讨论。也许我们只是提供了一个入口或者一个窗口。这两个概念虽然比较怪异，但是涉及的问题我想是严肃的。学妖这个概念可能比较玄，我觉得，从界面的角度，把学妖和麦克斯韦妖进行类比，对于理解这个概念是非常有帮助的。四姨太效应相对来说容易理解，把它和马太效应对比着看，连起来看，会更显直白。

激情与科学的态度：从老中医绝食说起

部分内容发表于《中国中医药报》，2005年1月20日

刘华杰（2005.01.06）：中国科学院朱效民先生（现为北京大学哲学系教师）传来《北京科技报》的一则消息：《2004年中国十大科技骗局：老中医绝食49天居首》（《北京科技报》，2005年1月5日）。相关的绝食事件2004年年初就有报道。类似的故事以前听过许多了，因而大脑不再有特殊的反应（我不对绝食事件本身的真假做判断）。倒是一些所谓科技"专家"的言论引起了我的注意，令我想起1979年陈祖甲先生在《人民日报》上对"耳朵认字"的批评。我在《中国类科学：从哲学与社会学的观点看》（上海交通大学出版社2004年版）一书中曾指出，陈先生的基本观点或者信念我是同意的，但他的论证是不合格的（我的这句话得罪了陈先生，先生很生气）。这一回，"专家"的评论更是激情多于证据，似乎也没有体现他们一再宣扬的基本的科学态度和科学精神，甚至还不如当年的陈先生。

捍卫科学，揭露谎言，维护正义，这些听起来都堂堂正正，但是对于某些"扛大旗"的"天然正确"的行动，似乎也应当进行批判性的考察，这样才能更好地坚持科学精神。

"老中医"（陈建民如果真是 50 岁的话，还算不上"老"）事件是讨论科学检验、科学划界、科学态度、科学精神、科技伦理、科技的社会运作的好材料、好案例。深入讨论这件事，有助于大家搞清楚什么是科学和科学精神，什么是假冒的科学和"伪科学精神"。

田松：每年开头结尾的时候，都会有五花八门的"十大"在媒体上泛滥，吸引眼球。所谓的"十大科技骗局"无非是其中之一。从网上找到了《北京科技报》的文章，其余"九大"是这样的：发现成吉思汗墓、干细胞美容、软体飞机、人体增高、永动机神话、中国人获诺贝尔贡献奖、中学课本《悲壮的两小时》、重庆"衣物百慕大"、"太空蚂蚁"。文章里没有说明这"十大"的标准是什么，怎么评出来的。"科技骗局"，这四个字拿出来是挺能蒙人的，不过什么是"科技"，什么是"骗局"，都没有界定和说明。所谓骗局，而且是大骗局，总要能蒙住一些人，造成了一定的社会影响。不过这"十大"，有很多我还是头一次听说。比如发现成吉思汗墓那个，是一个考古方面的事件，硬说是"科技"，也能挨上边。可撑死了也不过是个虚假报道，算不上什么骗局。那个软体飞机也不过如此。比不上永动机，还能骗南街村 2000 万元。干细胞美容那个，还有增高那个，如果说是骗局，首先是个商业骗局。在这样的骗局里面，它们两个未必是最大的，比如比那个什么钙更大。不过，有一点我倒是注意到了，在几乎每个"骗局"背后，都有一行说明：相关报道见本报某某日。也就是说，《北京科技报》是没有被骗过的。如此看来，这些骗局还真说不上大。

不过，老中医这个，倒是可以单说一说。虽然这件事一直充满了争议，但是没有任何一个权威机构认定，这里面存在欺骗行为。哪怕是坚决不信的司马南，也没有斩钉截铁地说这件事儿就是假的，只是设想了种种造假的可能性。所谓捉贼捉赃，事情已经过了将近一年，现场早已不复存在，《北京科技报》忽然断定是个骗局，如你所说，有诽谤之嫌。而一个在我们看来"不严肃"的事情，《北京科技报》却做得理直气壮。这种观念的差异，大有可议之处。

刘华杰：看起来，绝食的表演与几十年前进行的各种特异功能表演有些类似。但是我注意到，这回好像没有声称是特异功能，也没有说是高科技。如果某种东西自身没有声称是科学，也没有明确打着科学的旗号，别人也就不好说是伪科学之类。司马南是个有正义感的东北汉子，做了许多不错的工作，我非常佩服。在这件事上，他也比较慎重，他也许应当更慎重些。俗话讲，没有调查研究，就没有发言权，特别是对于否定某个"事实判断"。我们可能不相信许多事情，但是其中的一些事情确实可能是存在的。就绝食这件事而言，逻辑上人绝食10天、20天、49天等是可能的（反之亦然），逻辑上甚至人不吃饭也是可能的，这本身并不荒唐，问题是在经验上，这是否能够确实地实现。逻辑上地球明天就可能不转了，当然我们都不大相信，或者说根本不相信，但这样讲并没有逻辑矛盾。这个命题到明天就可以证明或者证伪，当然结果通常是或者一定是——"明天"地球照转。

田松："通常是""一定是"，我们可以在逻辑上推导一个结果，而在现实中相信另一个结果。无论是谁，都希望获得某种确定性的承诺，这种确定性的承诺甚至是我们生存的基础。否则的话，我们就是寝食难安。所以明天太阳是否一定升起这样的问题，早就被我们排除在思考之外，成为我们的生存背景。甚至我们能够给出2005年每一天里太阳升起的时间，精确到秒以下。对于这个时间表，我们是逻辑上地相信，还是经验地相信呢？美国物理学家基普·索恩（Kip Thorne）写了一本《黑洞与时间弯曲：爱因斯坦的幽灵》（湖南科学技术出版社2000年版），介绍黑洞物理学的发展历史。他在书中提出了一个这样的问题："我凭什么相信我说的？"有意思的是，他把这句话放在一个特别的位置——"注释"的前面。在天体物理学领域里，逻辑或者理论与经验的联系已经非常微弱了。即使是一位物理学家，也无法保证他在理论上推导出来的逻辑可能，必然给出现实中的经验可能。反过来，我们是不是一定能够根据理论上的逻辑不可能，断定现实中的某个事件为假？

刘华杰：理论对现实、对经验有指导作用，这已是老生常谈。问题不在于是否有指导作用，关键在于此指导作用有时正确有时错误，不管它是多么高级的理论。理论总是试探性的，波普尔的科学哲学对此有非常清楚的描述。关于人的生理极限，生理学、医学目前只能给出笼统的描述，不可能像数理科学那样给出明确的定量刻画。比如我们只能定性地讲，作为生命，长时间不补充物质和能量，是不可能存活的。但究竟多长时间？我想没有人知道，特别是，人们不大可能从第一原理出发严格地计算出来，当然也不是几个本来也属外行的"打假英雄"用某种他们也反对的"特异功能"方式所能先验地（*a priori*）判定的。他们作为社会的个体成员,绝对有权表达自己的"科学的"意见,但也只是普通意见罢了,算不上"专家"的意见。而作为反映公共舆论的《北京科技报》,报道这类事件时,要保持一定的平衡性。媒体自身的倾向性总是有的,有时也是应当的,但是对于较复杂的情况,要讲究科学态度,不能感情用事。目前的报道,不足以信人。因为此报道本来的动机是想让人们爱科学、用科学,想让人们学习科学方法、树立科学态度的,于是更要从自己做起,以高标准要求自己。

田松:呵呵,"要讲究科学态度"?我觉得你又暴露了"我们的缺省配置"。你这里的"科学"恐怕是当形容词用的,等于"正确"吧?然而,什么样才算是"科学态度"呢?这件事儿本身就意味着大家对科学的理解是不一样的。恐怕在《北京科技报》,或者你说的那位网络名人看来,他们自己对老中医事件的态度才是最"科学"的。大家都说自己是"科学的",都说对方是"不科学的""非科学的""反科学的",那又是一团混战。因为什么是"科学态度",本身是很难定义清楚的。我倒是觉得,既然"科学"这个词已经用滥了,在这里没有必要强调"科学态度"。《北京科技报》作为一个媒体,又不是搞什么科研,应该保持的是"新闻态度",遵守新闻这一行的职业原则、职业精神就够了。那么,在老中医这件事上,他们遵守媒体的职业原则了吗?

回到我们的话题上来。《北京科技报》之所以敢于认定这是个骗局,我想是这样的:按照人们普遍相信的现有的生理学理论,人的生理存在着不吃饭多少天的极限,这个多少天远小于49天,所以老中医事件为假,存在骗局。这里的推理,在他们看来,毫无疑问,而在我们看来,则漏洞多多。让我想起了前年围绕朱清时先生发生的一场网络纠纷。

刘华杰：同意，准确讲应当是新闻态度而不是"科学态度"。我也是故意用"科学态度"这样的"好词"的，如此冠冕堂皇、政治正确（PC）的词我们为什么不用，却反而被别人用来指责我们！但只能偶一为之，这样的词用多了确实就没劲了，假就大了。

朱清时事件我们都记得。不过在过渡到那件事之前，我愿意提到阿迪力的故事：（1）"今天上午11时，在北京平谷区公证处的公证监督下，完成高空生活22天、行走110小时的阿迪力将吉尼斯高空生存纪录成功改写。此外，阿迪力还打破了单天行走8.5小时的吉尼斯世界纪录。刷新纪录后的阿迪力表示，他将继续在高空停留数日，以创造更大奇迹。"（中新社北京2002年5月7日电，记者晶波）（2）"1997年，以领先科克伦39分钟的速度，阿迪力完成了他第一次勇敢者的挑战。接着，跨越衡山，在金海湖的钢丝绳上生存25天，阿迪力打破了新的世界纪录，这些过人的胆识与顽强的毅力背后，是一颗为中国人民争光、弘扬中华民族优秀文化的拳拳之心。"（中央电视台2003年3月29日节目）

阿迪力与那位"老中医"有什么不同？有什么相同？

田松：那我觉得不同之处太多了。阿迪力打破的吉尼斯纪录并不是对生理极限的挑战，他在高空依然保持正常的，甚至是更好的新陈代谢，所需要的是耐力、毅力和技艺。阿迪力做的是一件别人没有做的事儿，当然我承认他有超乎常人的本领。老中医这件事则不同。因为在大多数人看来，49天不吃饭是不可能的。如果要寻找类比的话，我觉得拿奥运会的田径比赛来比更为合适。比如跳高，我想大家都会相信，人能够跳起的高度有一个上限。

这个上限在哪儿，大家并没有一个准确的数字。比如我们都会相信，任何人都不能跳起来49米。那么，在我们普遍接受这个前提的情况下，如果有人声称他跳过了49米，我们是否可以不去现场，直接判定此事有假？我们看电视连续剧的时候经常会见到这样的情节，所有人都知道那个人是坏人，不但观众知道，剧里的警察也知道。但是警察就是不敢抓人家，因为没有找到那人的犯罪证据。美国的辛普森案件直到现在还被人议论，几乎所有人都相信，辛普森就是凶手，但是，因为没有来自合法途径的证据，只能判他无罪。在这种情况下，如果哪家报纸把辛普森评为年度最幸运凶手，一旦被辛普森告上法庭，必输无疑。又回到那句话了，捉贼捉赃，要抓住了才算。

至于共性，我觉得都是外在的。比如都是表演，都是公众事件，都有商业炒作的痕迹。

或许你另有高见？

刘华杰：你讲得都对。许多事，怀疑归怀疑，但正式讲出来，还要讲究论证、证据，要采用"无罪推定"的原则。在科学研究中，信任与怀疑同等重要，当无法找到做假证据时就不能想当然地指责别人欺骗。

不过，我觉得两件事中相似的地方也很多，也未必都是外在的。它们背后似乎都与"科学""体育"有关，都与"科学"的某种娱乐应用（商业表演）有关，当然也都与"爱国"有关，至少它给观众以这样的感觉。所不同的是，这两件事得到的待遇、评价很不同。我个人认为，它们同样无价值或者同样有价值。

另外，两件事都涉及伦理问题。"专家"的点评似乎只涉及伦理问题的表层。绝食49天的事件，如果有什么不妥的话，伦理问题是其一。现代的竞技体育（包括奥林匹克运动）以及其他一些极限运动、创纪录表演等，对人性的引领、示范，并非都是正面的，它们具有"现代性"的一切优点与缺点，而其缺点很少在主流媒体上得到评论。在我看来，它们过分打破了"平衡"。协同（共生）与竞争本是互为前提的，但在现代性中，单单"竞争"成了被宣扬的主角。

现在回到朱清时事件，记得当时朱只因为讲了一点佛教与认知的可能联系便成为互联网上被"嘲笑"的对象。如果朱清时没有一定的身份（校长、院士），说不定也会被评为什么"十大"呢！听说事件之后《科学时报》记者洪蔚曾对朱先生做了采访，但采访稿未能刊登出来。在这件事上，不管朱的主张是否有道理，我仍然十分同情他受到了不公正"批判"，如果那算批判的话。在网络时代，名人、学者等是否一定要承受骂不还口的待遇呢？另外，这件事是否反映了落后于时代的、不利于科学创新的、独断的唯科学主义观念仍然颇有市场呢？朱清时不应当介入那个领域吗？这是否意味着科学有禁区，或者意味着他没有资格？

你早先翻译过荣格的著作，在这方面有一定的发言权，可否谈一下朱清时究竟"犯了什么忌"？

田松：我觉得你对阿迪力的分析很有道理。我没有看到这一点。

朱清时事件本来不是一个事件。我不妨从我的角度简单地回顾一下。有一次，朱清时与一位叫作刘正成的书法家聊了一会儿天，这本来是一个普通的、简单的、日常的聊天，每日每时地大量地自发地发生着。三两个熟人，在私人空间里的聊天、侃山而已。而特殊的是刘正成做了录音，并整理成文字，贴到了"中国书法在线"的论坛上。一个现实中的私密事件变成了网络上的公开事件。人们所谈论的,其实是朱清时和刘正成讨论录音的文字稿。朱清时介绍了他在西藏的见闻,他和喇嘛之间的交往。比如他们说到了一种名叫拙火的神奇法门。这个法门我以前也听说过,据说修过拙火的喇嘛,能光着身子在冰天雪地里坐着,光是坐着还不算,还能往身上披湿毯子。大喇嘛要用自身的功力,把湿毯子烘干。功夫越深,烘干的毯子越多。这种事情在藏传佛教的文献中有大量的记载。从文字稿中我们看到,朱清时用了中性的、兴奋的乃至于赞赏的口吻介绍了喇嘛给他讲述的这些事情。比如这段:"吃这些东西,还是修行的第一阶段。到后来就连这些东西都不吃了。吃石头磨成的粉,闻周围野花的气味,就能够吸收营养。"从这种描述中,朱清时显然是相信了这些事件为真。并且,朱清时认为,这些事件与认知科学大有关联。朱清时对藏传佛教的态度引起了某些卫士的反感,并在网上大肆鼓噪,说朱清时宣传迷信,搞伪科学,说朱清时不配做科大校长,不配做科学院院士。这件事当时在网上很多论坛都闹得沸沸扬扬,甚至有的平面媒体也卷了进去。

关于拙火,关于藏传佛教的一些在我们看来的神秘事件,在网上随处可见,尤其是在和佛教有关的论坛中。在藏区,这些事情人们在谈论的时候也是当作正常的事情。相反,朱清时所说的,在很多佛教徒看来,只是道听途说,一知半解——恐怕是需要"打假"的。如果朱清时不是科大校长,不是院士,比如说他是一位中国哲学的教授,相信也不会酿出这么大的事件。对于朱清时事件,我当时提出了两个问题:第一,中央电视台报道班禅大师转世灵童的寻找及确立,算不算宣传迷信?第二,如果一个人天生就是一位宗教信仰者,比如藏族同胞,比如穆斯林,他是否就没有资格做中科院院士？

刘华杰：好。这样的问题似乎卫道士们没有认真对待。科学与宗教的关系十分复杂，不是三言两语或者几篇文章所能说清楚的，只需提及，无神论科学家并不一定天然比宗教徒科学家更有科学创造力、对科学贡献更多，甚至不能说更理解科学。这是一个事实，不信可以看科学史。要争论的不是这样的事实。不知道这样事实的人，先好好读读科学史再说。佛教，在我眼里，是很高妙的学问。藏传佛教，更有些特别，我相信修炼过程中会有一些常人感受不到的东西，但有多神奇我不知道。朱清时的话可以姑且听之，我相信他是真诚的。把这样的私人谈话或者叫一般性的聊天，与是否配当院士、当校长联系起来，倒是网上一些人的常用做法，不足为怪。科技部徐冠华部长、中科院路甬祥院长，不是也曾被"科学真理在握"的网上"愤青"和"愤老"们无端地讽刺过吗！

你的提问是关键性的。深思这些问题可以更好地理解科学与社会的关系，更好地理解科学文化，更好地理解科学与人文的沟通。

我想我们提到的所有这些案例，都涉及科学哲学中的科学的划界（demarcation）问题。20世纪的科学哲学虽然没有彻底解决这个问题，却留下了许多遗产，使一些原本乐观的人变得更谨慎、更宽容。科学已经成了时代精神，科学足够强大，处于文化中心的科学当不会软弱到担心被边缘的某些东西所摧毁。夸大世上的恶，本身就是一种恶。夸大伪科学、反科学的力量，本身就不够科学，也对科学发展不利。到处贴"反科学"的标语，是一种可怜的举动，表明其人穷得（或者富得）只剩下"科学"，只剩下"真理"了。除此之外还有"二叉式思维",即非此即彼：如它不是A,那么它一定就是非A。"二叉式思维"的具体表现是,若某事不是科学的,就一定是伪科学的、反科学的。至于标准嘛,全他一人说了算。

田松（2005.01.14）：后退一步,可以使我们看到更多的问题。用你的话说,要经常跳出一阶,从二阶的角度去看一看。比如关于民科,民科的工作是对是错,当然是一个问题,但是要跳出来,考虑民科为什么以那样的方式理解科学。老中医绝食这件事已经过去了,当时都没有人抓住破绽,现在再去说人家是骗局,那只能是靠信念了。这件事的真假是一回事,但是我们要跳出来,看看为什么会有这样一件事,以及为什么这件事会被评为第一科技骗局。对于一个我们不相信的事件,究竟什么样的态度是恰当的,这是需要我们考虑的。中国的传统文化比如中医,比如藏传佛教之中蕴含着丰富的东西,现代科学并不能全部予以解释。有些人受过几年科学教育,就坚信自己已经掌握了绝对真理,相信自己已经掌握了关于科学的标准答案,对于与之相悖的事件和人进行攻击,对一切事物进行评判,这是一种狂妄,一种无知的狂妄。而这样的人,如果你上网,观察几个论坛,就会发现这样的人很多,这样的声音引起了很多人的喝彩。可见科学主义的缺省配置是多么牢固。

刚刚又看到了一篇文章,认为"敬畏自然"的说法是反科学的,有位院士甚至不点名地批评了你(《环球》杂志2005年第2期,《新京报》上有更多的讨论)。反科学的大帽子又来了。不过随着科学话语的解构,这个帽子的威力实际上是越来越小。在强科学主义者看来,中国传统文化到处都是反科学。虽然科学主义者总是宣称，科学不是信仰。但是，他们对于科学的态度，却表现了最强烈的对科学的信——相信、信任、信赖，乃至于信仰。毫无疑问，我们也是有信仰的。这涉及对于科学的理解，也涉及对于什么是"好的生活"的看法。比如阿米什人的生活，是不是好的生活？这个问题，我们倒是以后再谈一谈。

一个辉煌时代的终结：对国际物理年的另一种纪念

田松（2005.04.18）：我觉得你前几天（2005年4月12日）在"景晨轩"讲的那个问题非常好。20世纪是物理学的世纪，也是物理学影响人类思维方式的世纪，我们现在纪念世界物理年，应该反思物理学本身的功与过，也要反思物理学思想对于人类思想的功与过！

刘华杰（2005.04.20）：此事其实源自记者张倩对我的一个采访（今天又收到韩锋教授的邀请）。她就国际物理年和爱因斯坦等提出了一系列问题，希望我做出简明的回答。

在仪式化的纪念时刻，有无数的人比我更有资格说话。如果让我说几句，我倒想说点"反话"，即反思物理学给科学本身以及给普通人带来的"负面效果"，当然前提还是肯定物理学的贡献了。大家不要一听到"负面"两字就害怕。

物理学源自力学，现在已经有了全方位的发展，以至于很难给物理学本身下一个定义，有位著名的教授曾风趣地说，"所谓物理学就是现在的物理学家正在从事的工作"。虽然如此，我仍有一个基本的判断：物理学是科学的童年，代表着科学的一个特殊的历史阶段。

科学之所以有今天的面貌，与物理学（做广义的理解，相当于西方近现代数理科学）的特殊发展经历有关。20世纪是"物理学世纪"，这是靠它的无数功绩获得的殊荣，但是，这种荣誉可能永远过去了。科学必须超越广义的物理学；而超越物理学，才能超越还原论。

田松（2005.04.22）：我想我们首先可以回顾一下。作为数理科学的代表，物理学给出了一个精制的框架，它不仅在形而上的层面影响了我们的思想，改变了我们对于世界、对于自然、对于存在的认识，并且在形而下的层面通过科学的技术改变了我们生存的世界本身。如果在这两个方面各选一个标志性事件，前者我认为是亚当斯和勒威烈在19世纪40年代通过牛顿理论的计算发现了海王星，这应该是人类第一次通过近代数理科学预测了一个未知的事件，尤其是，被预测的事件竟然是人类遥不可及的天体，它对于当时人们思想的震撼是无比巨大的；后者则是1887年赫兹根据麦克斯韦的电磁理论发现了电磁波，以及1901年马可尼据此发明了电报，这是人类的第一个从科学推导出来的技术，这个技术以及此后其他的科学的技术，已经成为人类文明的必不可少的一部分。

现在我们常说的科学与技术之间的紧密联系，首先是由物理学建立起来的。如果没有1900年出现的量子论，我们今天的生活完全不会是今天这个样子。环顾四周，我们几乎很难找到一个没有物理学成果发挥作用的地方。当然，正如20世纪所预言的那样，21世纪是一个生物学的世纪。但是我们需要清楚，这里我们所说的生物学，并非博物学意义上的生物学，而是渗透了物理学思想方式的数理科学意义上的生物学。这一点，我们从分子生物学、生物工程、遗传工程这样的名称之中，就可略见一斑。这样的生物学对世界的改造，仍然是建立在还原论、机械论以及决定论的自然观之上的。物理学的世纪虽然过去了，但是物理学的思想方式却在生物学中延续下去了——而本来的博物学意义上的生物学，则几乎消亡了。回过头来，20世纪改变世界的重大科学门类还应该包括化学（化学工程），那同样是渗透着物理学思想的数理科学，甚至在一定意义上，我们可以把化学作为广义物理学的分支学科。

物理学的思维方式进入人们的思想深处，成为我们的缺省配置。同时，我们也无可避免地生活在物理学所改变的世界之中。在国际物理年这样一个时刻，对于这两方面的改变进行总结，当然是一件很有意义的事情。不过，可能现在人们想得更多的还是赞美与歌颂，而这样的赞美和歌颂已经延续了至少一百年了。所以我才觉得，你的说法更为重要。你的说法让我想起北大百年校庆的时候，陈平原在《读书》上发表的一篇文章，那篇文章回顾了胡适任校长时的一次北大校庆，校庆的主题不是对以往业绩的歌颂与赞美、回顾与展望，而是反思与反省。

刘华杰（2005.04.24）：美国SSC项目的终止似乎标志着物理学世纪的结束。SSC指Superconducting Super Collider，即超导超级对撞机。美国国会在1993年决定中止此耗资巨大的基础科学项目，当时已经花费了20亿美元，已经凿出了14英里的隧道。

这个项目是物理学还原论框架下的产物，它的"夭折"令许多头号大物理学家非常不爽，如格拉肖（S.Glashow）。《科学美国人》记者霍根（John Horgan）在《科学的终结》中以及温伯格（S.Winberg）在《终极理论之梦》中都有描述。

如果说SSC比较特别的话，那么在一般意义上，现在，物理学家申请科研经费已经远不如生物学家（特别是生物化学家、分子生物学家）更容易。从就业率这样的外在指标看也是如此。现在，信息科学、分子生物学、人工智能等，的确更能吸引优秀的年轻学子。

当然，我们绝不能忘本，绝不能低估物理科学对科学本身的贡献。

田松：说起物理学本身的贡献，我想很多人都能轻松地列出一大排表格来。不过，当我们从历史的角度，回过头看时，就会发现，对于什么是贡献，也不再是不言自明的事情了。某个发现，在某些人看来可能是贡献，而在另外一些人看来则可能是灾难。甚至，现在站在另外一方的人越来越多了。所以说贡献，不如说影响。

如果说物理学对科学的影响，我想可以从这样几条考虑。首先，物理学提供了数理科学的模本。从几个基本定义出发，根据几个基本定律，建立起一个解释经验世界的理论体系。虽然这个模本不是物理学首创，而是学自欧氏几何。不过，在罗杰·彭罗斯看来，几何学不仅仅是数学，也是一种实证科学，即物理学。因为只要把直线定义为光线，几何学就可以通过实际观测予以证伪！所以几何学其实是关于空间属性的物理学。爱因斯坦也有过类似的观点。无论如何，在现实世界和数学公式之间建立起一个联系，这是从物理学开始的。其次，物理学实际上已经成为一切自然科学的基础，因为物理学定律是所有自然科学的基础定律。所有自然科学都要采用的七个基本物理量中几乎全部是由物理学定义的（只有"摩尔"是一个纯粹的量，不需要物理学也可以定义），某些还原论者或者物理主义者如卡尔纳普甚至要把社会科学、心理学、生理学等最终都还原到物理学上。第三，牛顿范式的物理学自然观深深地渗透到了其他学科之中，这种自然观就是机械论、还原论和决定论的自然观。也是作为我们批评对象的科学主义自然观。

说到这里，已经有了批评的意味了。

刘华杰：批评一门科学，一门最成熟的科学，似乎不应当也不可能。但我们的确可以反过来考虑，对于越是成熟越是坚强的学科，就应当提出更高的标准，更挑剔一些。

近代物理学的前身是伽利略自然科学——力学，而力学的核心是数学。早先，在莫斯科大学及北京大学，数学与力学都在一个系，称数学力学系。物理学是数理科学的典范，构成库恩所述范式演化的标准类型（亚里士多德-牛顿-爱因斯坦）。

物理学的发展过程，以及受物理学的强烈影响自然科学在过去和现在，表现出如下基本特征：

（1）推崇孤立可控实验。对复杂的现实世界进行研究时，要尽可能地把对象从环境中分离出来，斩断其他联系，每次只研究一个或两个、三个变量的变化关系。这种做法曾受到黑格尔的批判，他在《自然哲学》中曾说过，砍下来的手已经不再是手，研究砍下来的手不等于研究长在身体上的手；

（2）还原论。人们认为物理学是最可靠的科学，化学、生物

学、生物化学、分子生物学、脑科学、社会科学、哲学等，都可以全部或者大部分还原为物理学，这种想法用强自然主义科学哲学表述出来就是，物理学是足够的科学，物理学哲学是足够的哲学，生命过程、人类心智根本上是一种物理学作用过程。在现实中，人们对此信念的坚持程度是很不相同的，有的弱些有的强些，但这种现象是普遍存在的。

（3）普遍的线性观念。认为局部经验或者局部近似总是可以外推的，在相当场合甚至认为整体等于部分的简单加和。逻辑上讲，物理学不必天然是线性的，但是长期以来其线性部分得到优先发展，并取得极大成功，以至于以为线性化是近似万能的，在处理许多事物时（特别是分析非物理自身领域的问题时）有意或者无意忽视系统的"非线性"和"突现性"。

（4）决定论。即使在操作意义上无法实现决定论，也依然坚信在上帝之眼中事物的发展是完全决定论的。这是一个形而上学信念，今天我们已经有若干理由反驳它（如波普尔），但是在历史上物理学以及几乎所有科学，在相当程度上受这种信念的影响，在随机论与决定论（或者叫概率论与确定论）的人为二分法中，科学工作者（特别是物理学工作者）总是明显偏向于后者。这种信念导致理性的疯狂，有人名之为"致命的自负"。

当然，也可以说，所有这些特征原则上都不是不可以克服的，也不必然属于物理学。但是，过去、现在的物理学以及大部分数理科学，的确没有完成那种"克服"，甚至还没有充分意识到这些特征的危险性。

我们传统的科学哲学受物理学影响极大，罗森堡（Alex Rosenberg）在《科学哲学：当代进阶教程》中就明确指出，传统科学哲学非常依赖于从形式逻辑加上少量来自物理学的案例这样的考察方式，而当今自然主义科学哲学、心灵哲学的基本信条之一便是，特别信任物理学，认为它是人类所有知识中最牢固、最有根基的部分。由此，我们所理解的科学本性（科学观），不可避免地有着物理学哲学或者物理学主义的色彩。科学观包括相当的规范性成分，它规定什么是真正的科学、什么是好的科学等，这些也都烙有物理学的时代印痕。

田松（2005.05.16）：对于很多事物的判断，人们都相信存在一种超越性的标准或者答案。它超越民族，超越文化，超越国家，超越地域，仿佛在冥冥之中存在着的标尺。这种本质主义的冥尺，也是由物理学树立起来的，并且在一代代的物理实践中获得加强。牛顿的天体力学使得天上的物体失去了特殊的地位，我们在地上获得的物理学定律同样适用于天体。光谱分析使得构成天体的物质也失去了特殊性，地球上的物体和天上的物体是由同样的元素构成的。物理学定律是超越性的、普适性的，在卡文迪许实验室中获得的物理学定律，在地球上所有的地方，乃至在宇宙中的任何地方，都是成立的。尽管我们从来没有在太阳上做过任何物理学实验，但是我们相信物理学定律的普适性。这样一种对冥尺的信念，只有物理学能够提供给我们。

这种冥尺理念出现在几乎所有的领域，或者说，所有的领域都力图建构自己的冥尺。比如我们现在发展医疗卫生事业，很多偏远的乡村里都会有一个卫生所，这个卫生所里会有一些常用药，比如阿司匹林。但是，阿司匹林这种药从来没有在那个地区做过临床实验，为什么我们可以当然地认为阿司匹林可以起到在英国同样的作用？那自然是因为，我们相信西药这种科学的产物具有超越性的品质。这种对于超越性信念，是中医所没有的。

再比如，在社会领域，我们经常会采用社会发展、社会进步这种说法，这种说法的背后也隐含着冥尺的理念。人们相信存在一种超越性的文明标尺，可以用这个冥尺去衡量全球任何一个地区的人类生存状态，按照冥尺上的刻度给出一个读数。并且相信，读数低的地区应该且必须朝向更高的读数转变。所有促成这种转变的行为，被看作促进社会的发展，反之就是阻碍社会的发展。

经典物理学的巨大成功使我们相信，冥尺是存在的，并视之为理所当然。于是，哪个领域建构出更多的冥尺，哪个领域就被认为更"科学的"。物理学对于对象的超越性属性的示范以及这种示范的成功，已经使我们忘记了超越性属性与物理学的关系，而认为具有"超越性属性"这件事本身就是超越性的。冥尺为其自身的存在提供了支持！

刘华杰："干净利落"是严肃的物理学家给自己定下的不成文规矩，也就是说，他们相信世界本质上是简单的，服从少数普适的规则——自然律。近现代欧洲科学家普遍认为，复杂的现实世界在本质上服从于一种虚构的理念世界，真实世界低于、从属于人造的数学世界。世界外表展现的复杂性和多样性在他们看来只是一种"假象"，通过层层还原，最终可以化归为底层的简单性，虽然在现实中没有人真正严格地一层一层地进行还原，最多只是在邻近的层面进行一些沟通。近代欧洲科学的发展确实具有哲学家胡塞尔所述的"危机"，即其形而上学基础有问题，它令人们忘却现实的"生活世界"。

在形而上学的意义上相信世界是简单的或者复杂的，都没有太大关系，但是在实际操作中、在理解世界的具体运行过程中，简单还是复杂的判断十分关键。尽可能采用简便方法，这不会有什么争议，我们都希望用或者首先尝试用简便的方法解决任何问题，但是不要忘记了这只是一种假定、一种约定。我们没有理由认为，简便的方法总是有效，特别是用化简的方式得出的近似结论就能真正表征实际的问题。化简，是重要的科学艺术，确实需要高超的技艺。通常，不化简就难以把研究深入下去。但是，不能忘记了，化简通常有不只一种办法，原则上有许多或者无数种办法。

物理学主义倾向的问题不在于是否做化简，而在于对化简过程和结果没有必要的反思，急于将部分合理性外推到其他领域。只要（广义的）物理学始终意识到本身方法的有限性，能够反省自身，还原论方法可以照样使用下去，也照样能够推进简单性科学与复杂性科学的发展。

系统的层次性是一个显然的事实，层次之间有突现性。于是，物理学作为一种相对说来底层的理论与方法，不可能凌驾于其他上层复杂现象有特有的科学理论之上。研究生命现象、生态系统、经济运行等，可以使用物理学方法，但是并不能认为这种方法平均起来更加优越。生命科学哲学一定有物理学哲学所忽视的许多重要方面。

你说到的"冥尺"，相当于一种假定的普遍性知识，是与"突现性知识"（EK）及"地方性知识"（LK）相对立的。冥尺的成分有没有？我相信以及许多人也会相信，总还是有的吧。但是，有多少？是不是除了这种冥尺知识之外，世界上再没有知识？除了这种理性外，世上再没有其他理性？我认为也是有的，而且应当坚定地说"有"。

说还原论时已经涉及突现性，现在重点说说地方性知识。冥尺知识与非冥尺知识的地位如何？这是我们关注的。地方性知识应当是首要的，其次才是非地方性知识（冥尺知识）。特别是，不能用冥尺知识取代地方性知识，消灭地方性知识。以植物学为例，各地原住民千百年来都有自己独特的植物学知识，对植物有自己的分类和命名，知道它们的一些用途。近现代科学传入之后，人们更关注拉丁学名，这样做更便于大范围甚至世界范围的对比。在新的科学描述中，地方名、俗名及大量地方性知识没有细致地加以记录。这种倾向已经导致一些问题，已经引起了新潮植物学家的重视，现在的民族植物学等就试图克服这些缺陷。

初看起来，植物学的例子好像与物理学思维没有关系，实则不然。植物学不过借鉴了物理学的冥尺假定，即以为那抽象的共性才是最重要的，而丰富的多样性、复杂性是外在的、表面化的。此外由冥尺假定而来的仍然是"隔离法"，以为对象可以脱离环境而仍然是完好的对象，仍然有其"自性"。《华严金狮子章》中讲："金无自性，随工巧匠缘。"如果从反本质主义的角度看，这话是有道理的。同样的瞿麦（石竹科植物）、蓝刺头（菊科植物），长在高山草甸与长在山谷中，花的颜色及植株的高度可以差别很大，我们有什么充分的理由说它们本来是"同样"的？当然，同样的地方总是不少，如大部分基因是一样的，分类学的许多特征也是一样的，从根基上讲物质组成是一样的，等等，但是在某些场合，我们需要了解和分析的恰恰是其差异。

其实，物理学本身也没有成为想象中的完善的冥尺。以自由落体定律为例，在不同地点做实验，实际上结果是不同的，除了误差外，地球上不同地点重力加速度是不一样的。对于万有引力定律，昨天、今天、明天，也可以有所不同，比如引力常数 G 可能是变化的。这样一来，物理学定律，也会随时空的变化而有所不同。有人会立即站出来反驳，认为这恰好证明了相反的结论，因为公式的形式是不变的。其实，这也是一种误解，我们无法由经验事实从逻辑上推出现在形式的物理学各个定律，现在的物理学定律也不过是一种偶适的真理，它们都是可错的，如果存在其他物质宇宙的话，在那里它们可能不适用。即使对我们太阳系而言，描述对象的变化，也可以有其他进路，也就是说可以有其他形式的定律（也可以叫作物理学 B 理论），它们可以同样好地或者更好地说明现在物理学所说明的一切现象，只是我们未发现罢了，或者其形式显得有些麻烦人们不愿意采用。当然，在那些理论中，未必使用现在我们熟悉的基本物理量，如质量、速度、加速度、力、能量等。实际上，分析力学与量子力学对大自然的描述方式，已经部分启示我们，同样好的科学理论可能不止一种。

田松（2005.06.07）：华杰，你一下子说了这么多，让我都不知道该怎么接了。我们不妨稍稍总结一下，我们已经谈过的内容。

"冥尺"这种意象来自一种本质主义的信念，即相信存在一种超越一切文化差异的放之四海而皆准的一种本质，以及与这种本质相联系的知识或者规律。在这种冥尺意象中，多样性是不能容忍的。因为真理只有一个，如果存在多样性，那么至多只能有一个是正确的，所以需要统一。那么，究竟哪一个是正确的，或者说，我们选择哪一个作为正确的答案，这其实是一个社会建构过程。对于这个问题，SSK 已经做了出色的案例研究。

在现实生活中，一般来说，我们所相信的冥尺都是当时的最强势的话语。这样的话语我称为大词。这些大词一出场，就具有至高无上的意义，几十年以前的大词比如有"革命""唯物主义""毛主席说的"，你不可能反驳大词，而只能争夺对大词的解释权，比如你会强调"真正的革命"是什么、"真正的唯物主义"是什么。如果解释权争夺过来，也只是用一把新的冥尺，代替原来的冥尺。

在冥尺的意象中，多样性是不可能的。

"科学"也是一个这样的大词，人们用这把尺子衡量一切，非科学如果要获得话语空间，只能说，自己也是科学，比如很多拥护中医的人不敢、不愿、不肯说中医不是科学，而是坚持强调中医就是科学。

科学作为冥尺，或者说，科学成为我们这个时代最强势话语，无疑是与20世纪物理学在形而上和形而下两个层面的成功不能分开的。但是，现在我们即使不从形而下层面考虑科学的负面效应，但是从科学自身来说，物理学也不能为自己的冥尺性提供完全的证明。甚至，物理学自身以及其他的发展恰恰摧毁了这种冥尺意象。

首先是相对论，相对论使人们发现，几百年来几乎被视为绝对真理的牛顿力学和牛顿时空观竟然不是绝对的，甚至是有缺陷的。不仅牛顿力学不能再继续作为冥尺，甚至冥尺本身是否存在也值得怀疑了。然后是量子力学，它用概率替换了牛顿物理学的决定论，甚至动摇了作为物理学默认前提的客观物质世界的存在。与此同时，哥德尔定理从逻辑上否定了一个既自洽又完备的逻辑体系的可能性——物理学的理想就是要建立一个以最少基本概念、最少基本定理来解释全部经验事实的逻辑体系，类似于欧氏几何那样的逻辑体系。当然，还有一个重要的领域就是涉及物理、化学、生物、数学乃至气象、经济等多学科的混沌理论，这一点你有深刻的研究，我就不需要多说了。我觉得混沌理论最重要的在于，就是你前面说的，它让我们发现，物理学本质上是一门实验室科学，是描述实验室中被提纯化简了的物理现象的科学，而这样的物理事件，在大千世界中所发生的概率，是无穷小！斯图尔特用了一个这样的比喻。一根数轴，上面有无穷多个无理数和无穷多个有理数，一刀下去，随机砍中一点，砍到一个有理数的概率竟然是零！经典物理学虽然解释了无穷多的现象，但是这个无穷多，就相当于数轴上的有理数。

这样一来，科学的冥尺意象从物理学内部就遭到了消解，然而，这一点是很多人没有意识到的。很多人依然相信，物理学的进步是线性的！就如同相对论替换牛顿力学是一次冥尺的升级，混沌理论也无非是又一次冥尺的升级。我想，这次不是了！

刘华杰（2005.06.20）：物理科学的发展，或者说整个自然科学各个领域的进展，已经提示出还原论或者简化论对于完整理解事物和过程的不充分性。或者说得更强一点，当下的"科学理性"对于认知、社会发展及人类幸福生活等是远远不充分的，"科学理性"既没有穷尽"理性"甚至也没有穷尽扩展意义上的"科学理性"自身。

包括非平衡热力学、混沌理论、复杂性研究等非线性科学无疑展现了冰山一角，让我们正视世界的复杂性、多样性、普遍关联性，从而也降低了获得和操作"冥尺"的奢望。这一切，在我看来不是过去的科学努力应当立即删除的问题，而是如何恰当地继承和超越的问题。即正视之，一方面看到它应有的价值，一方面看到它的局限性。但是，要看到它的局限性并不容易，必须有"范式"上的转化，即必须更新、升级我们的科学观、自然观、社会观。

但是，完成范式转变之前，必须清算还原论和线性自然观。

田松（2005.06.28）：记得我们中学时上哲学课，常说有什么样的世界观，就有什么样的方法论。印象挺深刻的，不知道这个意思现在该用什么话语来表述才显得深刻一些。在经典物理学的思想方法中，最具影响力的当然是还原论。

所谓还原论，就是相信整体是由部分构成的。一个大的事物总是由一系列小的事物构成的，解决了小的问题，大的问题自然就得到解决。所以还原论必然导致机械论，把上帝看成钟表匠，把自然本身看作可以拆卸的机器。或者反过来说，还原论与机械论本来就是一而二、二而一的东西。还原论给了我一个宇宙机器的意象，以机器为例，我们可以形象地理解还原论及其相关理念。

一个机械是由不同的零件组成的，这些零件可以拆卸开来，也可以重新安装上去。并且重新安装起来的这个机器，与前者是完全不可分辨的——是同一个。同样，这些零件本身也是可以被替换的，扔掉一个螺丝，换上一个同样材料、同样型号的螺丝，这个机器仍然可以被认为是最初的那个机器。物理学的任务则是不断拆卸，寻找这个机器的最小组分，以及最小组分之间的相互作用关系。前者我们现在一般认为是夸克，后者我们有了（现在一般认为是）三种基本相互作用力（引力、强力、弱电力），而且还在试图继续向下。

由于机械可以拆卸，可以重装，零件也可以替换，每次重装之后，都会得到与原来相同的机器。反过来，原来的机器每次拆卸也都得到同样的零件——否则就不是还原论了。所以还原论必然会导致决定论，同时，这种拆卸与安装的可操作性，也使得还原论的自然是线性的。

在拆卸中，零件预先已经作为机器的一部分而存在了；机器中有哪些零件，零件是什么样子，都已经预先地决定了。所以还原论必然是构成论的，而不可能是生成论的。同时，在宇宙机械的拆卸中，人是作为一个旁观者而存在的，这个机器有哪些零件构成，也是与人无关的。所以还原论也是实在论的。

由于拆卸与重新装配的唯一性，必然导致所谓真理的唯一，于是冥尺的观念便随之出现。那个被认为能够掌握这种唯一性的人，就成了最大的权威。于是科学成为大词，成为最高的价值标准。

经典物理学的思想已经在人们的头脑中渗透了几百年，还原论及其相关联的机械论、决定论、实在论和构成论已经成为我们的缺省配置。所以，反思还原论，其实就是反思我们的生活本身。

比如我们对待自然的态度，首先我们把自然视为单纯的客体，视为人类的资源。而在人类对资源的利用中，又是把自然当作机器的——还原。从大的方面，我们也把自然当作由草地、森林、农田、河流、湖泊等构成的巨大机器。人们相信自己可以了解和掌握这个机器，也可以对之进行拆卸、改装，比如人们砍树，人们植树——人们相信砍树和植树可以平衡，可以还原。人们也可以像摆积木一样，轻易地把一条河变成一座湖。又相信几十年后，炸掉大坝，又可以重新把湖变成河。我们也相信，我们忽而可以向森林要宝，忽而可以退耕还林。——退了耕就能"还"了林吗？在城市里，我们经常可以看到，一块草坪忽然变成了人行道，一排杨树忽然被砍掉，换了一排银杏，或者是水泥栏杆。这样一种对待自然的态度从中小学教育起就开始向每一个人的思想深处渗透，我不能不说，这是当下人与自然关系紧张的一个重要原因。

刘华杰（2005.06.29）：还原论对于我们日常思维方式的影响无处不在。还原论虽然在一定范围非常有效、有道理，但超出那个范围和层次，它就变得荒唐了。我可以用"盲人摸象"及埃舍尔（M.C.Escher）的"楼梯"或者"瀑布"版画强化一下还原论和线性自然观的局限性。

我们研究大自然或人类社会，事先甚至并不知道所研究的对象是"大象"，研究者基本处于各个盲人的角色。从局部上看，大家都获得了一定程度的认识，但是这些成果并非简单加和就能得到整体。如果我们拿一只放大镜在埃舍尔的上述版画上移动，我们看到的局部画面一般说来都是没问题的，楼梯或者水流都是正确的，但是整体上看，版画所构造的图形是不可能的。

最近我读了洪时中先生多年前赠送我的一套《自然辩证法杂志》，其中1975年第1期刊出了一篇评论薛定谔《生命是什么》的文章，署名作者为"槐屏"，老一代人可能都知道底细。文章末尾说："《生命是什么》这本书值得一读。这是因为它虽然作于三十年之前，仍然代表着当时科学界的一种倾向。这就是妄图用关于分子和原子的物理化学运动规律来说明生命，说明一切。否认矛盾，否认质变，否认发展，否认唯物辩证法。这种倾向，同一百多年前旧机械论泛滥时以牛顿力学来说明一切的情况，有点类似。"（第31页）

除去那个时代特有的批判背景和个别用词，上述评论在现在看来，我认为仍然是深刻的，并没有过时。《生命是什么》以及最近另一位大人物的《一个惊人的假说》，虽然都是优秀的科学思想著作，给予人启发，对于推动科学发展有巨大作用，但是，这些著作的形而上学基础并非无可挑剔。它们背后隐藏着物理主义、还原论、线性自然观，等等。

田松（2005.06.30）：正是。这两本书我都看过，而且都写了书评。《生命是什么》是一个标志性的著作，它实际上是物理学家拓展其经典物理还原论思维方式的一个尝试，而令人惊异的是，这个尝试竟然成功了。这本小书引导20世纪下半叶生物学的方向，成为数理意义的生物学的思想基础。物理学的时代过去了,但是经典物理学的思想方式在生物学中借尸还魂了。而这本书的关键问题在于,薛定谔实际上是用"生命怎么样"的那个问题,取代了"生命是什么"的这个问题。这种思想方式是继承了伽利略。伽利略不再问物体"为什么"下落,而是问物体"怎么样"下落,从而在经验事实与数学公式之间建立了联系。诸如分子生物学之类的生物学虽然在"生物怎么样"上得到了很多数学关系,其实对"生命是什么"这个问题的回答并没有多少帮助。

数理科学在20世纪所取得的"进步"当然是无比巨大的,一方面改造了我们生存的世界,另一方面改变了我们的生存本身。但是,对于"为什么生存"这个更大的问题,同样不能说有多大的帮助。在某种意义上,也同样是用"怎样",取代了"为什么"。我们更多地考虑的是怎样生存得更好一些,而对于为什么生存,以及什么样的生活是好的生活这样的问题,反而忽视了。

事实上,由于还原论已经成为我们的缺省配置,反思还原论——实际上也是对整个建立在还原论之上的科学进行反思——就有点儿像拔起自己的头发离开大地一样困难。这种反思完全从科学内部进行是难以进行的,我们除了要利用科学自身的成就,利用非还原论思想的科学之外,还必然要引入科学之外的资源——包括哲学、宗教、伦理以及各民族的传统文化。而这样一些外来资源,在我们科学主义意识形态尚存的情况下,常常被某些人简单地扣上"伪科学""反科学"之类的帽子。毫无疑问,随着科学主义意识形态本身的消解,这样的帽子越来越失去了它的威力,这一点,我们从这次围绕"敬畏自然"的争论中可以看到,已经有人在帽子的压力之下直接说"科学为什么不可以反"这样的话了。

一个辉煌时代的终结,很有可能不是一个事实的判断,也不是一个可以在近期应验的预言,但是我想,可以作为我们的一种期望吧。

民间科学与类科学

民科，民科连续谱

田松（2005.12.05）：最近，有两件和"民科"有关的事情在媒体上比较热闹。头一个当然是首届民科大会，很多媒体包括《科学时报》都做了大量报道，据说会上很多人都热烈地讨论过我的民科研究。还有一件事看起来和民科没有直接关系，那就是刘心武的红学研究。当然在我看来是有关系的。所以《北京科技报》在做刘心武红学选题的时候，我也发表了一些谬论。我又列了一个连续谱，谱系的一端是民间科学爱好者，一端是民间艺术爱好者，比如凡·高。而刘心武红学，则处于这个连续谱的中间一带。我的民科研究和你的类科学研究，其实是有很多交叉点的。

刘华杰：北大哲学系本科生最近做过一个小课

题，对比"民科""民哲""民艺"三者在认知和行为方面的异同，请我进行指导。这项研究实际上受到你先期对"民科"的系统研究的影响。

"民科"是科学文化中非常重要的一种现象，颇有中国本土特色，你较早对其加以关注，在《自然辩证法研究》《科学技术与辩证法》《社会学家茶座》等刊物上发表了若干篇学术论文，并写成《永动机与哥德巴赫猜想》（上海科学技术出版社2003年版），这项工作应当继续下去。我相信，中国的民科现象还会持续下去，没准会演进出一些新东西，这将为你的二阶研究工作提供大量新素材。

此话题涉及"民间"这样一个复杂的词语，各个领域都有"民间"的情况，但对于科学情况可能稍特殊一些，我们还是撇开其他的，先从民间科学出发。

第一，"民科"现象指的是，与当代大科学中正规的科学研究体制化运作不同，游离于体制内主流科研活动的自称也在从事科学研究的一些现象。你的书中对"民科"的特征有相当多的描述，但我觉得它的主要特点是不被当下体制科学认可。对于这个判断，你是否同意？

第二，在你过去的用法中，"民科"通常指"民间科学爱好者"，似乎有明显的贬义。我猜想，你是过多地从认知（或者科学哲学）的角度看待这种现象了，而不是着重从社会学、人类学的角度看待此现象。不知我这个判断是否准确？你现在仍然认为"民科"两字有贬义吗？

田松：哦，我知道这件事儿，这几个学生上过我的课，也找过我几次。有一次宋正海先生请我在"天地生人"做讲座，还带他们一起去过——让他们感受一下，算是做一点人类学田野。现在由你指导，可谓适得其所。

我研究民科其实是不知不觉的。最初我对民科的看法与缺省配置的朴素的科学主义没什么两样，所以蒋劲松一直批评我的民科研究太科学主义，或许是缺省配置的惯性吧。这里我应该先回答你第二个问题，的确，那时我对民科的界定基本上是从认知的角度去做的，首先觉得他们的工作是错误的、荒谬的。但是后来，当我意识到需要深入讨论民科现象时，必须要对民科本身进行界定。

实际上，在对民科的研究中，我获得了一些方法论的体会，也意识到我们曾经习惯的一种学术惯性。以往我们写文章，总是首先对关键词进行概念分析，比如"科学主义"，我们会列举出"科学主义"的若干种定义，谁谁谁怎么说，等等。这种基础的学术工作当然是必要的，但是，里面也隐含着一种观念：既存在一个客观的超越性的概念对象，而以往的概念对这个对象的界定是不充分的，我们需要通过对概念的排列，去粗取精，更准确地界定对象。或者说，这里面隐含着本质主义的思维惯性。而这样一种概念分析，在遇到组合词的时候，在某种意义上就变成了文字游戏。比如"民间科学"，不管是"民间科学家"也好，"民间科学爱好者"也好，研究者总会本能分析什么是民间，什么是科学爱好者，然后对这两个概念进行组合。比如有人说，伽利略也是民间科学家，因为伽利略的时代科学共同体还没有形成；有人说退休的科学家也是民间科学家，因为已经退休，就在体制外，就符合民间的定义。那么，这样一种"民间"+"科学爱好者"的概念，就会非常庞大，庞大到缺少共性，难以深入的地步。于是我意识到，要深入研究，必须脱离这种概念界定法，从人类学或者社会学的角度入手。于是我提出:"民间科学爱好者"≠"民间"+"科学爱好者"。后来这种方法我也用到了"科学传播"上,"科学传播"≠"科学"+"传播"。

所以在《永动机与哥德巴赫猜想》,以及《民间科学爱好者的基本界定及成因分析》中,我提出了这样的民科概念:

> 所谓民间科学爱好者,是指在科学共同体之外进行所谓科学研究的一个特殊人群,他们或者希望一举解决某个重大的科学问题,或者试图推翻某个著名的科学理论,或者致力于建立某种庞大的理论体系,但是他们却不接受也不了解科学共同体的基本范式,与科学共同体不能达成基本的交流。总的来说,他们的工作不具备科学意义上的价值。

与此同时,我又定义了"业余科学爱好者"。我强调,这两个概念是两个命名。是首先具有了这样的两个群体,然后我对这两个群体进行了命名。而不是反过来,先分析概念,然后再根据概念到现实中寻找符合概念的对象。

通过这样的定义,我做了一个连续谱:科学共同体 – 业余科学爱好者 – 民间科学爱好者。业余科学爱好者处于中间地带。实际上,如果你把科学共同体的概念定义得宽泛一些,不是从体制来定义,而是从认知意义的科学角度来定义,业科(业余科学爱好者的简称。这个词有点儿别扭,不过江晓原教授已经率先在我们的日常交流中使用过了)是可以划在科学共同体之内的。而民科依然不能。所以对于你的第一个问题,我不能同意。不被体制认可当然是民科的现状,但是在我的讨论中,我还是强调:他们"与科学共同体不能达成基本的交流"。我依然把这作为主要特征。

你的第二个问题我还没有答完,不过我已经说得太多了。

我反过来先问问你,你现在觉得,你的类科学研究也经历了从科学哲学到社会学、人类学视角的过渡,你觉得你现在是已经彻底地完成了过渡,还是处于连续谱中的某一段?或者你也回忆一下你自己的类科学研究过程吧!

民科的标志:不可交流,还是不被认可?

刘华杰:我强调不被认可,你强调不可交流,差别不是很大。不过,我觉得从认知角度研究很无趣,而从社会功能角度研究可能比较有意思。

你对"民科"有独特的定义,但是现在多数人使用的"民间科学"与你的用法确实有一定差别。既然你强调不同,那么凭什么把别人描述的现象算在民科之内呢?

我现在也基本赞成蒋劲松对你的批评。我在CSC(北大科学传播中心网站)上转发一则消息时加上过一段评注:

> 不过,松哥在第一版《永动机与哥德巴赫猜想》中对"民科"过分严厉,恐怕得变通一下,要更站在"外面"进行科技人类学和SSK的研究。"民科"会撞上多少科学真理,是次要问题,重要的是民科现象是中国科学文化现象中一个热点、中国有那么多人关心"民科"。我个人认为,中国"民科"最大的问题是自身坚持一种科学主义而不自觉。

你在谈论不能交流时,提到三个群体:现有主流科学家、"业科"和"民科"。好像能交流是一种非相对地定义的客观性品质，一种好的品质。如果是这样，你的"民科"概念就有贬义了。而我觉得，交流是相对的，民科也可以反过来指责主流科学家与自己不能进行交流，而责任在主流科学家。

不过，我也注意到，你特别指出民科内部也没有交流！他们互相不交流。所以从这个角度看，"交流"可能的确是一个关键性的品质。

但是，最近中国的民科开会了，开了一个成功的大会，他们在交流或者变得开始交流，你怎么看这件事呢？宋先生组织的"天地生人"讨论不是也进行了数百次"交流"了吗？他们真的能否"交流"？

田松（2005.12.09）：我当然希望他们能够有所交流，但是以我对民科的了解，我认为情况应该是这样的。他们在一起开了一个会，每个人都努力发言，力图自己的理论被别人理解，但是没有几个人肯认真地去倾听别人的理论，也没有几个人会认真地倾听别人对自己理论的评论。关于这一点，我虽然没有直接证据，但是我相信我的判断。这个判断是可以证伪的，比如，可以找一些在同一个领域工作的哥迷（指热衷于破解哥德巴赫猜想者），看看他们之间有了多少交流，彼此对他人的理论有了多少了解，这种了解对方是否认同就可以了。所以这种交流，我称之为表演交流。当然我也不否认，这种表演交流，即使在科学共同体的会议中，也是经常地大量地存在的。这也就是我们为什么常常会说起科学共同体的民科气质问题了。

如果有交流的话，我想不在其各自的学术层面，而在别的。我相信他们对彼此的生活境遇，彼此的道路艰辛，不被理解等问题会有所交流。而且可能会有非常深的交流。因为只有这些，是彼此共同的，可以交流的。

当然，如你所说，我的民科定义比较特殊。至少首届民科大会的与会者之中，我想也会有不少的"业余科学爱好者"。

不被认可和不可交流，我觉得还是有些差别的。不被认可，是认知层面的判断，是对于对错与否的判断。民科自己也强调这一点。但是这种判断方式本身，已经是科学共同体内部的事儿了。科学共同体内部也存在不同派别之间的对立、矛盾、互不认可——但是，仍然可以交流。而不可交流，则是旁观者的判断，也许更多地具有社会学的色彩。

如果我们要对民科现象说清楚，必然要对人群进行细分。就如我常用的比喻，我们可以把书店营业员作为一个社会学研究对象。但是我们无法把"非书店营业员"作为一个社会学研究对象，因为这个群体太庞杂了，除了不是书店营业员之外，不再有什么共性。同样，如果把民科定义为"非科学共同体"的话，这种研究是无法深入的。

当然，我的定义方式，虽然跳出了认知层面，不考虑其在科学的意义上是对是错，而只是考虑其共同的行为方式，使得我们可以从社会学的角度进行研究。但是，究竟在什么意义上算是社会学，我并没有把握。

蒋劲松曾经做出这样的批评，说我这种定义是不可证伪的。因为凡是能够交流的，我就说他不是民科，而是业科。如果一个人，曾经被我判定为民科，后来可以交流了，我就会转而说他是业科，于是从前按照民科定义对他的判断，就都不算了。这种逻辑，和"好的归业科，坏的归民科"是类似的。

这种批评的确是比较聪明的。在网上也有人提出过类似的批评。

我找到了一种辩护策略。我说我定义的是症候，而不是人。比如一个人在感冒的时候，我说他是感冒患者，而在他痊愈之后，我就不能再说他是感冒患者了。

这样一来，民科就不再是对一个人群的定义，而是对某种现象的定义。回过头看，我最初的定义中，强调的也是现象。

对于民科这样一个特殊的集合，我想从现象入手进行社会学的讨论，应该是比较容易切入的。

刘华杰（2005.12.10）：在民科大会与其他小的活动中，交流可能不充分，但人们要问一下，在科学界，2005年乌鲁木齐召开的大规模的中国科协学术年会（共有6700多名来自全国各地的科技工作者参加），交流就充分吗？"表演交流"确实是现在许多重要会议的惯例。对此，也应当用平常心看待。科学在建制化过程中在许多方面模仿了过去的宗教，也讲究仪式、"圣事"，也就是说"表演"是科学运作的必要组成部分。"大会"和"公会议"（CO）原来都是宗教概念嘛！

也可以从认知的角度关注、研究民科，但存在两方面的问题：一方面某些民科所做之事十分可笑，显然无认知意义；另一方面，部分民科所做的东西十分精致，即使专家也很难分辨优劣，比如许多民间数论、数学研究者做的工作。对前者我们可能不屑于研究，对于后者，我们不可能做一般性的研究，因为每一项都非常专门化，我们不可能以专家的名义对他们的工作进行审查进而判定是否有价值。也就是说，民科做的工作，我们在认知的意义上也不可能都十分清楚。

"不被认可"有认知方面的含义，但社会学层面的含义更多些。我说的"认可"不是指个体同意，而是指集体背书，或者个体以集体的名义对某项工作给予承认。比如科学杂志对投稿的同行评议,评议人都是个体,但杂志社对回收的评议结果进行综合时,最后以统一的权衡判定一份投稿是否有价值、是否值得发表。最后的决定代表着科学共同体的意见,至少此杂志范围的小的科学共同体吧。其中有一个细节值得指出:评审一般是匿名的,甚至事后也不能公开。这有多方面的考虑,也表明在科学活动的认证上,个体意见是隐藏着的,加权后的集体意见才端出来。

"民科"是一种社会角色,不应当始终与某个个人捆绑在一起,特别是不能与他的一生捆绑起来。一个非民科可以变成民科,一个民科也可以变成业科、正规科学家,一名正规科学家有时也表现出民科气质甚至做某些方面的工作与民科完全一样。最近我接触的一些事情更加深了这一判断:科学家的民科气质并不比你所说的民科的民科气质更差。凡此种种现象与其中的人是分不开的,但只要不始终捆绑,叙述过程中现象与主体可以适当分离。我赞成就事论事,某科学家在做 A 事时表现的是科学家的普通行为,做 B 事表现的是民科的行为,做 C 事时表现得与普通百姓没差别,于是我们也应当区别具体事物对待此人。特别是,不能像某打假英雄将刘兵当讲师时做的事算在现在刘兵教授身上笼统地讲清华大学刘兵教授如何如何,当然那人举报的刘兵当讲师时做的事情也是虚拟的。

"交流"也类似,只是比"认可"弱许多。能交流,未必能得到认可;得到认可,当然表示可以交流。对于民科,我想他们与科学家、科学共同体之间以及他们自己之间,不排除一定意义上的交流。特别是他们自己之间,现在多数由命运相似而聚集在一起,"学术分科"还不细,不排除将来可以细致地充分交流,长沙会议是一个好的苗头。

我们推想一下，即使他们充分交流了，就都能成为业科甚至正规科学家吗？也不好说。极少一部分可能，大部分则仍然以原有的民科的身份生存下去。

研究民科转变过程很有意思，反过来，正规科学家某时某地转变为民科也值得关注，因为后者并不以民科的身份出现，而是以正规科学家的身份出现的。

科学主义的缺省配置，社会学研究视角

田松（2006.07.14）：一不小心，我们这个对话在我手里拖了半年多。不过，对于这个问题，这半年来我似乎没有什么变化。按照蒋劲松的说法，我的确是没有什么进步。

对于"民科"，我力图从症候上进行讨论。正如我们以前说过的那个连续谱：最初，我们研究一个人为什么会成为民科；然后，我们需要研究，一个人是怎么在别人的领域成为民科？最后，我们甚至还可以研究，一个人是怎么在自己的领域成为民科。如果把民科作为一种精神气质，我想，我们每个人都有不同程度的民科气质。

但是，对于一些比较极端的民科，我虽然希望他们能够改弦更张，但是现实中还没有一个案例——如果有的话，那就是我自己吧！呵呵。

说了这么多民科，该说说类科学了。我这个人有点儿历史癖，从小就喜欢收藏一些好玩的东西。我现在能够找到的最早的民科资料竟然是十年前的还没有进入学术领域之前收藏的。如果不是我有几个箱子在我流浪北京期间消失了，可能还会有更早的资料。其实，我的"类科学"资料更多，当然和你比肯定不如，但如果

搜罗一下，也许还会对你有所补充。其实更早的时候，当年我决定投身这一行的时候，决定写一篇学术性的文章做问路石，写了几个标题，其中有一个是"反伪科学在理论和实践上的困境"，但是后来还是选择了"太和殿何以建成"。虽然没有深入下去，但是对这个领域的研究还一直保持着关注。

民科研究和类科学研究可以相互参照。虽然这两者常被人称为伪科学，也的确存在交集，不过差异还是比较明显的。比如民科因为其不可交流的特征，基本上是独立作战。但是，类科学却形成了自己的共同体，甚至有自己的学术刊物。我忽然想，形成共同体是否是其成为类科学的先行条件？

这几年，你对类科学的看法发生了很多变化。所以蒋劲松说你进步最大，要颁发最大进步奖！你觉得最大的变化在哪儿？是从认知角度的评判转化为社会学角度的观察吗？

民科研究给出了一个"科学共同体－业余科学爱好者－民科"的连续谱，这个连续谱不是认知意义上的，是社会学意义上的。那么，类科学研究是否也可以给出类似的连续谱：比如"科学－类科学－非科学"？如果是这样的话，这个视角是否仍然具有更多的认知的意义呢？

刘华杰（2006.08.27）：类科学也没有像样的学术共同体，但比纯民科要好些。有"共同体"也并非都是"好事"，我们曾以"学妖"和"四姨太效应"谈过科学共同体的神秘运作。

我使用的"类科学"概念，英文写作"alternative science"，是在社会学层面使用的，它大致包括了你所说的"业余科学爱好者"和"民间科学爱好者"所从事的"科学研究"。其中"科学研究"四个字可以加引号也可以不加，在我看来是一样的，当然传统理性主义者可能要坚持加上引号。类科学主要指当时主流科学界不认可的科学。不认可还叫科学吗？就社会学层面而言，这涉及话语权问题，他们只是自称。类科学中可能有将来被主流科学界认定为真科学的东西，当然也有"民科"和科学作伪，我现在用这个词基本没有贬义。科学与类科学在一定条件下，借助认证，可以相互转化。一个大科学家，也可以同时是科学家和类科学家，只不过前者把后者隐藏了。

在科学主义氛围很浓的国情下，在"科教兴国"的口号下，"科学"两字有特殊的意识形态含义，它是政治正确的。任何打着科学旗号的东西都想取得某种社会地位、扮演某种社会角色。而在社会学层面，首先不讨论认知问题，即不讨论声称的科学是否是真科学，用SSK学者柯林斯（Harry Collins）的话讲就是，"社会学家不予考虑的事情是这些葡萄酒是否真的变成了血"。这是许多人（包括科学哲学家）长期理解不了的一件事。

科学观的转变是一种范式转换，前后确实有不可通约的地方。

我原来是一名科学主义者，至少是一名弱科学主义者，但奇怪的是我自己竟然不觉得。我曾在博客上写下《我是怎样从一名科学主义者转变为一名反科学主义者的？》（2006.05.01），共反省了六条，其中两条是：

> （4）1998—1999年在美国接触了SSK，听过皮克林（Andrew Pickering）的课。SSK是复杂的学术活动（与人类学、知识社会学、科学哲学、编史学、科学社会学、社会学理论、两种文化等均有直接关系），至今也不能说我已经把它的全部演化脉络都彻底搞清楚了，但SSK强调以自然主义的进路研究科学本身，非常有说服力。学习SSK，科学观不发生转变，那是没学通。布鲁尔（David Bloor）

的论证对我最有说服力，柯林斯的案例（特别是关于冷核聚变案例最后的评论）也颇有说服力。布鲁尔自己实际上提供了一个"科学主义悖论"：以科学的方式研究科学就会导致矛盾。如果认为不能以科学的方式研究科学，则此结论与科学主义的目标矛盾；如果认为可以的话，布鲁尔《知识和社会意象》一书就提供了一个实例，它受到科学主义者的反对。

（5）我做过一个项目"中国伪科学问题研究"。研究前后，观念颇不同。我发现搞伪科学的人大多有严重的科学主义观念。另外，中国伪科学泛滥的一个根源恰好是科学主义。这些结论超出了我原先的想象。

蒋劲松谈到我"进步"不小，也只是一种调侃，想必他、你和我现在都不会轻易使用"进步"两字。"进步"两字可以换成"有自我反省"。我已变得越来越能以平常心看待各种"类科学"（实际上以前我是不用这个词的，当时直接称"伪科学"）。回想起来，自己当时太狂妄，实在应当好好反省。

田松（2006.08.28）：呵呵，的确是这样。爱因斯坦说过，一条鱼能认识到所生活于其中的水吗？我在《血液与土壤》中也写过，一条河鱼，游到海里，知道了海的咸；再游回河里，这才知道河的淡。当我们是科学主义者的时候，我们并不知道自己是科学主义者。相反，我们相信自己站在了真理一边。一个人，相信自己具有天然的正义性、合理性，相信自己绝对正确，这是很可怕的。这样的人也很难反省，很难"进步"。

当我们从社会学或者人类学的视角进入，将之作为文化多样性中的一元，可以看到更多的内容。当然，如果不放下科学主义的架子，是无法获得这个视角的。实际上，我在民科研究的过程中，也逐渐在发生变化。只是我变的幅度不大。老蒋也总是劝我对民科宽容一些。但是我觉得，他把"宽容"这个概念理解错了。我不能因为宽容，就放弃我的判断。我仍然坚持这一点，民科自己玩儿，那是他们的权利，正如人有抽烟的权利。民科坚信自己玩的是科学，那也是他们的权利。没有人可以霸占"科学"这个好词儿。但是，如果民科坚信以自己的方式可以进入科学共同体，那我只能说，抱歉，这是幻觉。进入科学共同体有很多种渠道，而民科的方式是进不去的。当然，我不反对民科自己聚合成一个共同体。

类科学我觉得就是这样，有一段时间，按照科学社会学的标准，关于气功和特异功能这个共同体完全符合科学共同体的各种指标。比如有很多杂志，我自己当年就经常买《气功》杂志；在一些正式的科研机构有职位；甚至有一个机构还招收过气功专业的研究生。这个共同体大致形成了自己的范式，有自己的术语，相互之间也能够在这套术语体系下交流。尽管这些术语之混杂、逻辑之模糊、变化之迅速，使得其范式还不能稳定，但是毕竟初具规模了。

如果我们把灵学（parapsychology，字面义为超心理学）也算在类科学的话，这个领域作为共同体就更加成熟了。

刘华杰（2006.08.28）：民科或民间科学，对一些人来说，是一种生存方式、生活方式，有时是自娱方式，不过在你看来，部分民科恰好太"当真"、没有自娱精神。不管自己如何看以及他人如何看，他们都有存在的权利，即使从认知的角度看他们的见解与现在主流科学界的看法相左。在科学取得强势地位的今天，我们应当捍卫非科学事物存在的权利，对于带有"科学"两字的事物也要捍卫它们存在的权利，也就是说，要捍卫类科学、民间科学存在的权利。

我相信气功有时对健身、治病有效，值得对气功做各种深入的研究。不过，气功等如果有价值的话，未必都是科学方面的价值；把气功等传统文化硬往当代科学上扯，在科学观上本身就有问题。如你所讲，"中医为什么要有科学根据？"气功也一样。某出版社出过一本译得不怎么样的（如把"林奈"译成"利内"，把"双名法"译成了"二元分类制"）好书《非正规科学：从大众化知识到人种科学》（其中"人种科学"似乎应当译作"民族科学"），该书结集了《法国文化》上发表的一些访谈。在第一篇中，法国国家博物馆的巴罗教授讨论了 ethnosciences 和 folk science 这样的术语，这些词语大致相当于非主流科学、地方性知识、民族科学、草根科学、民间科学之类。

我非常同意你做出的区分。宽容不等于放弃自己的判断。

一方面我们捍卫非科学事物、非主流科学的生存权利，另一方面我们可以根据自己的理解或者理性，表达我们自己对它们的看法，发表批评意见，甚至猛烈抨击。只是要记住，不能"过线"。什么叫过线？一方面指超越法律，另一方面指把自己的一孔之见与真理、与科学、与正义等好词儿等同起来。

现在，我对类科学的看法有了许多变化，甚至得到类科学界内部人士的"表扬"。但在认知意义上我仍然不认同其许多观点和做法。对于伪科学、伪科学精神，我仍然要反对。有人说我已经不反伪科学而是开始支持伪科学了。这是一种十分搞笑的说法。的确，我最近没工夫反一阶伪科学了，但对于反对二阶伪科学我还是做了一些工作。二阶伪科学是指以科学的名义传播"伪科学精神"（蒋劲松语）和伪科学方法，欺骗性很强，普通百姓不大容易识别。比如有人说科学已经证明转基因食品没有任何危害，这就是在传播"高级的"伪科学，对此必须揭露。事实上，一般说来，目前的科学既没有证明转基因食品有危害，也没有证明没有危害（有个别不十分强的例子表明，转基因食品对特定的过敏体质的人不适合）。科学乃至任何所谓的文明东西，都有两面性，都存在风险。如贝克（Ulrich Beck）所言："但在今天，文明的风险一般是不被感知的。"而在某种意义上来看，"风险是文明所强加的"。贝克还说过："风险是人类活动和疏忽的反映，是生产力高度发展的表现。这意味着危险的来源不再是无知而是知识；不再是因为对自然缺乏控制而是控制太完善了。"（见《风险社会》中译本，译林出版社2004年版，第225页）

  贝克这样说，以及我这样引用他的话，都不表明反知识、反科学、反文明。知识、科学、文明都是演化的、可以塑造的。反省、反对和批判过去的、过时的X，恰好是要更新X，使X更好地适合可持续发展；如果X是公众熟悉的好词儿，我们没有理由轻易地拱让他人。我们并不想放弃科学，面对少数极端科学主义者的指责，最好的回答是："你才反科学呢！"我们怀疑科学，也相信科学；我们对未来的科学抱有期望，正如我们对人类的理性能力抱有希望一样。

  田松（2006.08.28）：贝克还是很有力度的。这个话题我们以后可以专门谈一谈。我们每一个人在走出科学主义的堡垒之后，都会发现视野大变。这种感觉实在是妙不可言。但是遗憾的是，民科和类科学却大多保持着很强的科学主义意识形态，这是比较奇怪的。在讨论关于中国古代有没有科学的时候，吴国盛曾经说，有些一方面采用最狭窄的科学定义、一方面坚持中国有科学的人，在逻辑上是不自洽的。强科学主义的民科和类科学与此类似，因为它们本身处于科学的边缘，处于科学共同体的边缘。

我想请你来总结一下，在"民间科学爱好者-业余科学爱好者-科学共同体"这个连续谱和"类科学-前（潜）科学-科学"这个连续谱之间做一个概念上的界定和梳理，对于类科学自身的研究状况做一个梳理，你看如何？

刘华杰（2006.08.29）：目前我国对类科学的研究还十分初级，有人认为没必要在这上面花费时间和精力。我本人直到不久前才基本完成科学观的范式转换，曾试图对类科学做点案例研究，做过一点访谈，现在根本谈不上总结。中科院自然科学史所宋正海先生组织的"天地生人"讲座，是一个很好的待研究的案例，他们做的或者呼吁的就是类科学。此类讲座的存在和发展，我觉得有重要价值。

另外，要理解中国社会及其科技，也应当研究民科或类科学。2006年8月7日咱们东北一位"民科"于占民（今年39岁）采取极端手法（持枪并威胁引爆炸药）推销专利，他对谈判代表的第一句话便是："为了推销我防范台风的专利，我都来了15趟了，也没解决问题。你们得赶紧叫电视台的记者，还得叫来大领导，赦免我的罪。"据"千龙网"报道："于占民称，他发明的关于利用台风发电的三项技术已经得到了国家专利，但他花3000多元在三家媒体上做广告后技术并未得到推广，他觉得这钱花得太冤，国家不够重视。"于占民先生喊的话"赶紧叫记者和大领导过来"，十分有趣。

这个例子值得剖析。当时媒体应当请你去点评并介绍相关背景。

除此之外，还有两件事情与民科有关，值得关注：

（1）黎鸣先生声称用哲学证明四色定理，引起争议后宣布生命"对决"。不过，那对手也是个伪科学精神的传播者。

（2）《科技日报》的长篇"广告"宣传一位自称与丁肇中对话的岳先生（见《科技日报·创新周刊》2006年5月15日）。

田松（2006.09.04）：利用广告来宣传自己的民科已有先例，2002年3月国外某出版社征求哥德巴赫猜想答案到期，就有哥迷（迷恋于破解哥德巴赫猜想者）抢在截止期到达前在《光明日报》购买广告，发表成果。这位岳浦强先生的表现虽然更为极端，为了宣传自己，不惜制造出与丁肇中对话的故事，仍在我的估计之内。我对黎鸣先生没有多少了解，他的哲学思想我也所知不多。倒是他的女儿黎婉冰的文章，文字犀利有趣，看过一些。不过，从黎鸣先生对于四色定理的执着来看，是很符合民科特征的。他要与那位具有强烈民哲特征的方先生搞生死对决，让我有些吃惊，也感到有趣，但是也没有让我觉得出乎想象。于占民的行为才真正是前所未有的。他竟然以恐怖行动来推广"科学"成果，其对于科学的迷恋和疯狂，实在令人叹为观止。这应该是迄今为止最极端的民科表现了。所幸最后没有出什么事儿，这对于被绑架者和于占民本人，都是一种幸运。

与你研究类科学类似，我最初研究民科，也没有很当回事儿，也曾有人劝我不值得为此浪费时间。一旦深入，却逐渐得到一些出乎我意料的结论，使我不断有惊喜之感。从人类学或者社会学的角度看，作为研究对象的民科和类科学，与同样作为研究对象的科学共同体和主流科学，具有同等重要的意义，甚至可能有更为重要的意义。我曾有过这样的比方，对于一个医生来说，一个健康人可能不如一个患有特殊病症的病人更有价值。如果民科是一种非正常现象，那么大量民科的存在，我相信是由于我们的社会机制出了什么问题，这个社会机制包括我们的科学教育、科学普及、科学主义的意识形态等。类科学也是这样。

阿米什人与传统纳西族的生存逻辑

2006.11.16定稿,刊于江晓原、刘兵主编:《阳光下的民科》,华东师范大学出版社2008年版

田松(2006.11.05,加州伯克利):华杰,最近又看到你重新谈起阿米什人(the Amish,也译作阿曼人),我想这一定是让北京大学张祥龙先生的"文化特区和传统技术"(在清华大学的一个讲座)给勾出来的。这也让我想起了纳西族。关于传统生活方式在现代社会的意义,如果从冥尺逻辑来看,可能顶多只有一个博物馆标本的意义。作为缺省配置的科学主义者,我们大概都有过类似的想法。不过,我在关于纳西族的那篇学位论文的写作中,越发走向了反面。去年提出了一个更激进的说法:当工业文明走向绝路之后,包括刀耕火种在内的传统文明,将会成为人类未来新文明的星星火种。

在我的思想演进中,你和丁林对阿米什人的介绍对我有非常大的启发。你应该是国内比较早介绍阿米什人的学者(刘华杰《难忘阿米什》,《中华读书报》2000.09.27;刘华杰《倾听驻足者的低吟》,

《中华读书报》1999.12.29），从你最初介绍阿米什人到现在，应该有很长时间了，这期间我们都有很多变化，而你的变化应该是非常之大的，按照蒋劲松的说法，"进步"最快。

阿米什人是我们一直念念不忘的一个话题，遗憾的是，至今我们都没做深入讨论。这次我们以阿米什人为题，集中谈谈阿米什人和纳西族。

就从你的"进步"开始吧，是否先谈谈阿米什人最初给你的印象，或者冲击？困惑？

刘华杰（2006.11.06，北京西三旗）：在我之前，丁林、庞旸都介绍过阿米什人。我则是偶然碰上阿米什人社区的。1999年春我们到美国伊利诺伊州的一个阿米什人社区参观了一天，感触良多，回到UIUC（伊利诺伊大学）后马上查阅了一些相关材料，觉得阿米什人对技术的看法意义重大，阿米什人的存在一下子解决了我脑子中的许多疑惑。回国后我为《中华读书报》写了一篇杂文《难忘阿米什》，没想到引起强烈反响，有一段时间经常接到电话，有人长时间跟我畅谈这篇杂文对他的震撼，并请教哪里能找到更详细的资料。这完全出乎我的意料。我通过各种办法查找国内学术界对阿米什人已有的研究或者关注，但基本没查到。

在过去的几年中，先后有三四家出版社主动跟我联系过要系统地译介有关阿米什人的图书，但最后都没了下文。

我原来是个科学主义者（大约在1999—2000年发生了质变），但当时自己并不那样认为，可能这带有普遍性。大家都在变，我其实变得非常缓慢，大约用了二十年的时间！我现在的学生，变得很快，一学期课程下来就变了。不过我担心这并非好事，变得快也许变得不深刻、不彻底，没准某个时候又变回去了。当然也可能是我自己太愚笨。蒋劲松说我"进步"快，带有调侃的味道，有些人恰恰认为我"退步"了，觉得颇可惜！管它进步还是退步，反正是变化了，是范式（paradigm）上的转变。前后的"范式"的确有一定的"不可通约性"，在每个范式中都有一套话语、论证逻辑，要想让生活于另一范式中的人理解、相信它们几乎不可能。

究竟是哪一件或者哪些事情导致我转变，我自己也说不清楚，恐怕有许多，也许亲眼见到阿米什人是其一吧。

阿米什人给我的第一印象是他们对技术和教育的独特看法，在现代化的美国（如果是在第三世界的某个地方也许不会太打动人），人竟然可以这样活着！接着就是，我喜欢阿米什人，羡慕他们的生活方式和处世态度。

田松（2006.11.08）：2000年，就是在这一年，我确定了纳西族的论文选题，并且在9月份开始了田野调查。我试图了解，当文化冲击到来的时候，被冲击的弱势民族会产生什么样的反应？如果按照冥尺逻辑，弱势民族应该主动地放弃自己的传统，毫无保留地欢迎外来的、冥尺读数较高的文化。但是，任何一个有民族自尊的人，都不会轻易接受这样的观点。这就产生一个矛盾。这个矛盾近代中国知识分子已经为我们演示了一遍。洋务派主张"中学为体，西学为用"，希望保留自己的文化根本。而在冥尺逻辑——"物竞天择、适者生存"的进化逻辑——逐渐普及之后，整个社会文化发生偏移，才会有胡适之的"全盘西化"说。那就不单是要用西方的辘轳打自己的水，而是要彻底换水了。事实上，这一百年来，我们被换得已经差不多了。因为当代中国人的"缺省配置"，并不是用中国的传统文化，而是用西方的文明体系进行格式化的。在我们的系统教育中，我们自己的传统文化被压缩在语文课本的一个小小角落里。

这似乎是一个全世界共同的趋势，按照冥尺逻辑的话语，这是全世界共同走向"进步"的标志，也是全球化的大势所趋。但是，在这个大趋势中，阿米什人却能够保持并延续自己的民族特性，这实在是个奇迹。

在我们所接触的案例中，阿米什人是唯一**主动**抵制现代化，并且抵制**成功**的一个民族。

刘华杰（2006.11.09）：现在理工科学生的"缺省配置"基本上是科学主义，用的显然是你讲的冥尺逻辑。受中学与大学自然科学课程和其他课程教育的影响，他们相信某种唯一的普遍性。这些人了解一点阿米什人，肯定是有好处的。昨天我到中国传媒大学（原北京广播学院）给那里的博士生讲《"好在"与现代化：阿米什人对技术的看法》，这是我自己选定的题目。两年前此话题我曾在北京大学理科博士生大课（约500多人）上讲过，没料到竟受到热烈欢迎，教室里多次响起掌声。一位在新华社工作的中学同学碰巧听了这些讲座，当即表示愿意翻译介绍有关阿米什人的图书。不过，这次到传媒大学，我还是有点担心，因为听课对象是传媒大学的工科博士生，而且北大与其他大学的学生毕竟不一样。走进107教室，当我看到学生中有的人年纪甚至不比我小时，我多少有了一点自信。对于技术的感受，年纪大者会有颇深的感受，也许还有一定的反省。开讲前我还是加了一则声明：我并非想鼓吹蒙昧，只是要介绍还有那样一些人在现代化的美国以那样一种方式活着。

事后才知道，实际上这些博士生很关心这个问题，非常愿意了解阿米什人的过去、现在和未来，我讲完后大家积极参与了讨论，关于阿米什人提出了许多细节问题。其中有一位坐在后面的博士生直接提到了纳西族和阿米什人相关性的问题："我国云南纳西族的处境与美国的阿米什人的处境有何不同？他们自身对于自己传统的认同程度以及外界对于他们的态度有什么区别？我们国家对于纳西族是否采取了保护策略？"

这是个很好的问题。在讲座的 PPT 中我引用了你在博士论文中的提法："阿米什人的成功在于两个方面，一是具有强大的保护传统的内在力量，二是具有能够容纳阿米什人存在的外部环境。"（田松，博士论文，《纳西族传统宇宙观、自然观、传统技术及生存方式之变迁》，2002 年，第 95 页）我国少数民族，包括纳西族，内在信仰的力量逐渐在淡化，另一方面中国处于全球现代化的边缘，"求生存"依然是我们这样一个大国及其大国中少数民族要优先考虑的问题。学生如此提问，表明思想跟进速度很快。对于纳西族面临的具体问题，你是行家，可以多介绍一下。

还有一位同学指出，他到西北某地区时听说，某少数民族以前很规矩，现在反而总闹事。过去我们曾采取强势政策，让他们接受汉人的习惯，而这是违背其民族习俗的。后来，我们采取了更为自治、更为宽容的民族政策，反而导致局部民族矛盾上升，社会不安定。学生问我如何看。这的确不是简单的事情，不过，我认为宽容的新政策是对的，我们有什么理由在短时间内就改变他人、同化其他民族？

你刚才说"阿米什人是唯一一个主动抵制现代化"的民族，真是这样吗？我国的纳西族对现代化一直就是热烈欢迎吗？还是有一个发展过程？纳西的传统信仰现在还保留了多少？

田松（2006.11.08，加州伯克利，由于时差，我这里还是11月8日）：全称命题轻易是不能做的，所以我有修饰词。首先限定的是"在我所接触到的案例中"，其次，打了补丁，"并且成功了"。我相信，主动地抵制应该是大多数民族本能的想法，但是，阿米什人可以说是抵制成功了。而像纳西族这样的民族，主动抵制的力量越来越小，相反，放弃传统、迎接现代化的力量越来越大。最关键的是，文化保护缺乏建制化的力量，本该作为本民族文化屏障的地方政府，不但没有起到屏障的作用，却往往成为拆毁民间屏障的强大力量——这当然是以建设的名义、发展的名义、进步的名义。

我想，这里有一个重要的原因就是我常提到的教育悖论。在博士论文的写作中，我意外地做出了这样的总结：对于传统文化的破坏，力量最为强大的有三个东西：一是公路；二是电；第三个是我最意外的，相信也会有很大的争议，那就是制度化的中小学学校教育。

我先回过来说第二个——电。电的破坏力是双重的，在形而下的层面上，它提供了一种传统技术不曾使用过的新的动力，在我调研过的所有的通了电的地方，水磨这种与自然更为和谐的传统技术统统遭到废弃，被电动粉碎机所取代。在形而上的层面，它使得一种叫作电视机的东西出现在村子里，这个东西严重地破坏了传统的娱乐方式。那些以讲故事或者唱歌跳舞为表现形态的传统娱乐，一方面与其传统文化有着血脉关联，另一方面也是文化传承的重要环节。而那些电视节目，绝大多数都与当地的传统、历史和文化毫不相关。这是一种空投的外来文明，在这种外来文明的冥尺逻辑的价值体系中，传统都是落后的、封建的、愚昧的、迷信的……总之，都是一些带有负面色彩的词语。

制度化的全国一统的教育体系，同样秉承着这种冥尺逻辑。

这就产生了这样一个悖论,一个孩子所受教育越多,对本民族的传统越瞧不起。于是,在制度化的学校教育发达的传统地区,几代之后,传统文化会后继无人。因为最优秀的孩子都被送到了学校,不知不觉地走向了传统的反面,也正是他们,能够成为地方政府的官员。

相反,那些民间的保护传统的力量,一来制度化的程度很弱,二来,也为主流话语体系和权力体系所鄙视和排挤。

有一个象征性的故事。2000年,我到泸沽湖畔的温泉村,发现电线杆子修到了村口。当地人说,其实这个村子在20世纪70年代的时候通过电,由于云南通用的灯口设计得不"科学",螺纹裸露在外面——这种灯口至今在云南很多地方还在应用——有人在换灯泡的时候被电死了。老达巴(摩梭人的祭司)就带领几个年轻人把电线杆子给砍了。但是到了2000年,老达巴已经去世了,而且这次的电线杆子是水泥的了。力量对比发生了悬殊的变化。

人们常常质问我,你说传统如何如何好,是城市人愿意去传统地方生活的人多,还是传统地方的人愿意到大城市的人多?在冥尺逻辑被普遍接受的情况下,这个质问当然是有力量的。就好像有人质问,是信中医的人多,还是信西医的人多,并以此来反对中医一样。然而,我们反对的是冥尺逻辑本身。

于是,阿米什人就有了重要的意义。阿米什人能够存在,这是一个问题。而更重要的是,阿米什人为什么会延续?我认为,最重要的原因是:阿米什人掌握了用自己的方式教育下一代的权利,从而可以用自己的文化传统建构下一代的"缺省配置"。

关于阿米什人的教育,你和丁林的文章都有介绍,不妨请你再谈一谈,阿米什人是怎样把教育权夺回到自己手里的,这意味着什么？

刘华杰（2006.11.09，北京 18：38）：阿米什人的宗教以及生活中的一般价值观决定了他们对新玩意儿、高新技术持慎重的态度，不是越新越好、越快越好、越大越好。对于通常所谓的外部世界的现代化进程，他们的抵制是坚定的但同时也是有弹性的，其弹性体现在"可以协商"。经过协商，在一定条件下某些技术是可以使用的，而某些是严禁使用的。比如在其禁止清单中列有：

  1910，家庭装电话
  1915，拥有小汽车
  1919，从公共电网上接电
  1923，在大田里使用拖拉机
  1940，家庭中央空调
  1966，发电机
  1986，计算机（据 Kraybill）

而在其允许清单中列有：

  20 世纪 30 年代，煤气驱动的洗衣机
  20 世纪 40 年代，租用小汽车和卡车
  20 世纪 50 年代，在社区电话亭打电话
  20 世纪 70 年代，现代卫浴设施
  20 世纪 70 年代，在马车上安装安全灯
  20 世纪 70 年代，计算器
  20 世纪 80 年代，在店铺中装电话（据 Kraybill）

综合起来看，阿米什人所使用的技术也是一点一点"进步"的，只是不像我们对任何一项新技术都着急、都迷恋。细想一下，他们这样做也非常聪明，以 PC 机为例，早早晚晚阿米什人会用上计算机，但由于用得较晚，确实可以节省很多钱，而我们为 PC 机的升级不知付给了 WinTel 联盟多少钱。好像我一个人从 1993 年到现在就用废了 12 台计算机（还不算换个别板子之类），我们有时也并非真的愿意不断升级，相当多情况下是被迫的。就这一点而言，阿米什人确实是他们所使用的"技术的真正主人"，他们使用的都是成熟的技术。阿米什人对许多技术的使用，比我们延迟一定的"相位"，因而能够享受被我们世俗人不断检验过的相对可靠的技术。升级速度变缓，也就减少了资源浪费和垃圾排放，保护了环境。

对于电，阿米什人的逻辑显得很矛盾，一般说来禁止使用交流电，只是在特殊场合可以例外。直流电通常可以使用，但是也有电压的限制，一般限于 12 伏以下。最初的解释是，交流电要用电线长距离输送，这样一来阿米什人社区与外界就处于联通状态，他们生活中的分离原则就无法彻底贯彻。在社会发展到今天，不使用电，好像十分愚蠢。阿米什人家庭中也用冰箱，也有明亮的照明灯，但都是用液化气驱动的，我特别注意到他们的冰箱是由美国"通用电器公司"专门研制的。他们一般不拥有电话也不看电视。许多情况下，"拥有"和"使用"是有严格区别的，有时可以使用但不能拥有。其实这里面也体现了传统的智慧。

电这东西方便了人类，但也不是毫无缺点的。上个月我到武汉参加全国科技伦理会议，有位学者专门报告了电力工业所造成的环境破坏。我小的时候家住山沟里，一直到上五年级，家里都是只使用火油灯（即土制的煤油灯），过年的时候才肯点上几支蜡烛。那时家里生活没觉得有什么不方便，也不曾羡慕十多公里外的村里人能用上电。那时我的视力也非常好（近视是高中毕业时才发生的，也有可能是电灯造成的）。

如你所说，有了电、电话、电视，有了公路，边远地区的乡土生活就难维持了，传统的生活方式和传统的娱乐方式都会迅速发生变化，现在全国上下差不多都唱一样的卡拉OK，北京"洗刷刷""桃花朵朵开"云南也"洗刷刷""桃花朵朵开"，文化多样性快速减少，而且用不了多久，当地的自然多样性也会减少。我们现代人所崇尚的自然多样性和文化多样性都会随着技术的进步、现代化的推进而走向衰亡。

当然，这是假定现代化只有一种模式。已经有学者指出，阿米什人不只是一些已逝的文化遗迹，实际上他们是活生生的现实，他们也在进行现代化，只是他们进行的是另一种现代化而已。尽管20万左右的阿米什人的影响力很有限，也不足以引为其他地区效仿的榜样，但是他们的存在就是一个令人惊诧的现象。当然，阿米什人可能根本不像我们这样崇拜普适性，他们从未想着用自己的生活方式、价值观改造外部世界，他们从来不指望把他们的逻辑推广到全美国、全世界。现代化究竟是否允许多样性，现代化本身是否有不同的模式？阿米什人为我们提供了思考的根据、希望。

关于教育，阿米什人的教育观更是奇特，但说真的，一开始正是这一点深深打动了我。在向北大的理科博士生讲述阿米什人的教育观之后，我问，在座的有多少人非常愿意花费人生中最宝贵的21年到24年，整天在学校里学习知识？我还问他们学习更多的知识究竟为了什么？从他们的热烈响应看得出来，这是些严肃的问题，引起他们深思、感叹的问题。

教育的目的和教育的方针是什么？根据阿米什人的经验，我想了一下，最宏观地讲，似乎不外乎两条：第一，学会如何与大自然打交道；第二，学会如何与他人、与社会打交道。

阿米什人的教育，只有 8 年级的小学初等教育，他们不读高中和大学，更不读研究生，但他们的乡村生活、劳动过程本身也是一个大课堂，在那"广阔的乡村修道院"中，阿米什人孩子学会了生活中所需要的几乎一切知识和技能。超出这些，再多的知识对他们而言是不必要的，他们不学核裂变的知识、不学转基因的原理和技术等，也不梦想着克隆自己。他们所学的有限知识，是与他们的生活实践相匹配的。当然，我们要学习的东西也是与我们这个世俗世界相匹配的。既然都是相匹配，也就无所谓谁比谁强，谁比谁有学问，相对于各自的"生活世界"而言都是差不多的。这也许是一种文化相对主义加认知相对主义！

你曾写过"空投的教育"，我觉得非常有道理，不知道这样的教育已经推广到什么程度，对文化多样性和传统文化有多大的影响？

田松（2006.11.10，加州伯克利 23：00）：在我主持翻译的那本《在理解与信赖之间》（北京理工大学出版社 2007 年版）中，有一篇文章是谈技术的"驯化"的。阿米什人对技术的使用，正是一种"驯化"。在这个意义上，你可以说阿米什人的传统文化，包含了现代乃至后现代的东西。就如我们可以说，在纳西族的"署"（自然精灵的总名）的自然观里，也包含了现在乃至后现代的内容。但是，这种说法本身，仍然是在冥尺逻辑的缺省配置下进行的一种表述。

说阿米什人也是一种现代化的形式,这种表述,当然也是赋予阿米什人意义的策略。这类似于说,中医也是科学的一种形式。把"科学""现代化"这些好词的概念不断拓展,让传统文化在这里获得生存空间,在冥尺逻辑的社会语境下,可能是一种比较现实的容易被接受的策略。但是我觉得不够彻底,也没有触及问题的症结。

刘小枫在《刺猬的温顺》(上海文艺出版社2002年版)一书中引用过一个政治哲学家的话,大意如下:一切哲学,归根结底都是政治哲学,政治哲学的核心问题就是什么生活是好的生活。我们关于现代、关于传统、关于科学、关于敬畏自然等所有问题的争论,最后都会归结到这个问题:什么生活是好的生活?什么生活是幸福的生活?

如果我们承认,幸福是多样化的,那么就必须承认,生活是多样化的。用同一个冥尺来衡量多样化的生活,是一种无知的狂妄。也就是说,阿米什人、纳西族,以及在现代化大都市生活的人们,各有其幸福,他们的幸福是不可比的。

人是一种群居的动物,文化不是个人的,而是属于人群的。幸福观也必然是存在于人群之中。于是,基础教育的重要性凸现出来!阿米什人只有掌握了以自己的方式教育自己的下一代的权利,才能够延续自己作为阿米什人的传统,并继续在其中获得属于阿米什人的幸福。正是这个思考,使我重新反思教育。什么是教育?在冥尺逻辑无所不在的当下,跑到偏远山区去建希望小学,去当英文老师,是不是注定就是值得赞扬的好事?!

从董光璧先生那里,我学到了一种看问题的方法:从长时段的角度看!从长时段的角度看,每一个延续下来的传统民族,必然形成一种文化,使其能够处理好自己的生存与其所生存的(小)

环境之间的关系，并且在这种生存状态之下，获得自己的幸福。这就是你说的，一是与自然打交道，一是与人打交道。因而这种文化，必然是与其生存地域严重相关的。于是多样化的地理环境，必然导致多样化的文化。当然，类似的地理环境，也会产生大异其趣的文化。

所谓教育，就是把一个自然人变成一个成熟的社会人。社会是具体的，不是抽象的。所以教育，就是把在一个地区生活的孩子，教化成能够在这个地区生活的成熟的社会人，从而延续这个地区的传统。对于相当多的地区来说，什么牛顿力学，什么转基因，当然不是最重要的，甚至不是必要的。

在我们的冥尺逻辑的教育体系里，人失去了地域的概念，学生不再需要了解自己所处的小环境，同时也失去了自己的文化小传统，所面对的是一个抽象的自然、一个抽象的大传统。于是，人逐渐失去了自己的土壤和血脉，成为现代化机器上的零件。这样的教育是要把乡村里的孩子教化成有可能在未来的或者本乡之外的大城市里生活的社会人，这种"空投的教育"，就使得孩子们在自己的家乡失去了意义。

而这样的冥尺逻辑，正是我们当下教育的主体。现在，地方政府都把建学校当作政绩的一部分，全球的慈善机构也都把在偏远地区建设学校看作想当然的善事，虽然我们的教育经费所占比例很小，但是总的来说，中小学学校建设也是处于发展之中的。纳西族地区也不例外。更何况，在纳西族的中心区丽江及周边地区，有着从明代开始的漫长的推崇汉文化的传统。现在丽江城里很多纳西少年都不会说纳西话了，家长也鼓励孩子说汉语，因为这样会有利于他们升学、高考。所以总的来说，我是比较悲观的。

我们现在当然不可能把已经开通的公路毁掉，把已经竖起来的电线杆砍掉，更不能把建起来的学校废掉。但是，对于中小学教育，我有一个补救性的建议。就像你建议在中小学开设博物学一样，我强烈建议在中小学里开设地方性知识，并且列为高考的必修课。一个纳西族的学生，应该对纳西族的传统文化有更多的了解，也应该对自己所在地区的山水草木有传统语境下的理解。当然，这个策略似乎也只是苟延残喘而已。

刘华杰（2006.11.11）：欧洲共同市场、北美自由贸易区、中国-东盟自由贸易区以及WTO（世界贸易组织）等都在推进全球化，似乎要让世界步入各向同性状态。但这是今后不变的趋势吗？将来就不存在文化多样性了？

阿米什人的生存是"另一种现代化"过程，是引用了他人的一种说法，我觉得这种理解颇有道理。我想，这还不是你说的那层意思。"现代化"字面上表达的是时间、时代概念，它并没有限定只有一种对"时间"的理解、把握、操作。传统文化并非在时间进程中凝滞了，只是其对时间的依赖、操控比较特别罢了，"节拍"慢一些、"相位"有延迟等。阿米什人强调了时间因素中"慢"的一侧所具有的内在价值。在我看来，阿米什人也无法逃脱现代化（实际上他们一直在现代化着），他们跟我们一样走过了20世纪的70年代、80年代、90年代，现在也步入了21世纪，阿米什人的社会也始终处于动态调整之中。也就是说，阿米什人也在现代化，但不同于我们的现代化（如在价值观和步调上）。也许只因为我们狭隘地、想当然地理解了"现代化"，才无视其他弱小族群的现代化过程。"现代化"不必然是个褒义词，同时也不必然是个贬义词。

在阶级社会，教育的直言不讳的目标是为统治阶级培养所需要的人才。反省过去的教育，会轻松看到一些问题，面对今天的教育似乎人人都领教了一些弊端，但无可奈何。其实，还是反省不够，没有对现代教育做全面的批判性思考。

今天上午回中国人民大学参加了隆重的（也几乎是千篇一律的）哲学系（学院）成立五十周年庆典，与几年前北大哲学系九十周年庆典一样，听到无数好听的话。大家把哲学系的历史梳理得那么动听，发言者不厌其烦地回忆哲学（系）在过去所取得的各种成就、为国家培养了多少优秀人才等。我早就在想，这历史其实只讲了一半或一多半，过去我们所研究的哲学、所讲授的哲学，都是那么美好那么正面吗？既然说哲学是时代精神，那么在过去那些奇特的年代，我们的哲学我们的哲学系做了些什么？

破坏环境、打砸抢等，当然不是哲学（系）最直接的功劳（"文革"的第一张大字报当然出现在哲学系），可是这些行为所赖以成立的社会氛围和理论基础却与哲学（系）有关，"斗争哲学"是谁搞的？

一般意义上的教育似乎也是如此。进化论的教育有多少是真正科学的，有多少是社会达尔文式的，得失如何评判？教育的统一化、标准化以及统一高考，对于救亡图存时代的中国算是一些招法，但对于踏上民族复兴之路、日益具有全球视野的中国，这些都有严重问题。教育要为"多样性"做增量而不是做减法。我非常赞同"地方性知识"的教育，其实近现代数理科学也是一种地方性知识，它源于古希腊，兴起于16—17世纪的欧洲，现在则像紫茎泽兰（一种生命力极强的外来杂草）一样侵入世界各地，包括我国云南、贵州的山区。博物学基本上是地方性知识，每个民族（哪怕是我们现在认为最落后的民族）都有十分发达的博物学，否则他们根本无法在其环境中生存。现在的高考，除了录取线略有所不同外，抹杀了地域的差别，理论上一位学好课本的中学生，到任何一个省份都能考得好，都是好学生，哪怕他萝卜白菜不分、高粱玉米不分。但是，我对"列为高考必修课"一招，也持怀疑态度。"高考"已经成为一个铁模子，从这里出来的几乎都是一样的人（这个标准残害的人才不计其数），除非把一种高考变成十种、二十种高考。

关于阿米什人的教育，还有一个重要方面没有谈：多少教育算够？是否要用人生中最美好的时光在课堂中学习？某种意义上，我就觉得自己越学越傻。眼镜越来越厚不说，专业以外的潜能逐渐在退化。阿米什人孩子戴眼镜的肯定很少，逃学的大概也不多。当年曾有一个口号："学制要缩短，教育要革命。"现在想来，也并非全无道理。对其抽象继承，也不是不可设想的。

阿米什人的教育观令人深思，但十多亿人口的中国不可能都向阿米什人学习（那样的话同样是灾难），不过，中国有20万人或者200万人具有阿米什人自由选择教育的权利，也许不是坏事。这便涉及北京大学哲学系张祥龙教授提出的"文化特区"设想。

作为一个现在看来根本不存在灭亡可能性的大国、大民族，我们是否可以有意识地建立一些文化保护区或者新型文化特区？我看不出有什么不可以的理由。

建立"儒学特区"或者"纳西特区"的必要性、可能性有多大？

田松（2006.11.11）：你的批判意识很强，去年在你的倡导下，我们就对轰轰烈烈举行庆典的国际物理年进行了一场具有批判和反思意味的对话。不知道你自己是否注意到，你是从什么时候开始主动地批判和反思的？

就像对于"科学"这个词一样，对于"现代化"这个好词，我也强调，从狭义进行理解。将这个好词的概念进行拓展，从策略上说，当然也可以为边缘争夺话语权，同时也可能消解这些好词儿的意识形态地位——也就是"搅浑水"。但我总觉得，这只是一种策略。而从学术角度，我们还是需要一些狭义的概念。所以我不主张说传统社区是现代化的一种形式，尽管他们吸纳了很多现代化的东西。这里有主客之分。

比如阿米什人，如果因为他们使用了一些外来的技术，就说他们也在进行（缓慢的）现代化，我觉得，这反而削减了阿米什人的意义。因为他们那里，毕竟是"阿米什人为体，现代化为用"的。而中国传统地区的现代化，则是放弃传统，迎接现代化，两者不可同日而语。

在现代化话语、冥尺逻辑占据绝对优势意识形态地位，在经济战车全速开动的当代中国，传统的文化生态正在面临着灭顶之灾。建立"儒学特区""纳西特区"的可能性是存在的，但是，我担心这样的特区一旦建成，很快就会走向自己的反面。很多纳西族知识分子也在呼吁建立纳西文化保护区，然而，为了打动地方政府，这些呼吁必然要着眼于经济。具体的手段就是生态旅游。这样一来，很容易陷入另一个生态旅游的悖论，对此我在博士论文有过论述。大意是说，生态旅游把传统作为资源，吸引游客，发展经济；经济发展了，就要过现代化的生活，于是传统的生活方式就被丢弃了，吸引游客的资源也就丧失了。弄到最后，只好把传统生活作为一项工作，生活变成了表演生活。就像北京中华民族园里的泼水节，每天都在泼，完全没有节日自身的文化，所以只是表演泼水节。按照这种思路弄下去，纳西文化保护区就变成了设在纳西地区的中华民族园纳西分园。这些被保护起来的纳西文化，就成了塑料的花朵，看起来跟真的似的，就是不能自我繁殖。

那么，如何在根本上延续传统文化？这又涉及另一个问题。就是公民权利问题。一个社区的公民，对自己的生活有多少发言权？我想，一旦这个权利得到充分落实，传统地区的老百姓才真正可以选择自己的生存方式，才能够拒绝现代化，拒绝水电站，拒绝政府修建的整齐划一的砖瓦房。实际上，很多传统地区的现代化，并不是公众自愿的，而是由政府和大企业促进，乃至强迫的。

至于儒家文化特区，同样存在类似的问题。如果我们能够找到原生态的儒家文化地区，那么，在那里建保护区所遇到的情况，就与建纳西文化保护区类似。如果是想按照理想的儒家文化理念，重新打造一个特区，情况也许反而会简单一些。

对于传统的未来，我常常感到绝望。但是，即使如此，作为知识分子，我们必须说不，而不能顺水推舟。正如郑也夫所说，我知道我改变不了什么，但是不要侮辱我的智慧。

刘华杰（2006.11.12）：我们有时对于明明能做的事情偏说不，而对于不能做的事情偏说要试试。当然这不仅仅是学者在故意寻找某种逻辑可能性，这种批判性看待主流话语和事物的方式是悲剧性的，只是在一定意义上，我们甘愿如此。

总体上我也是悲观的，但偶尔也觉得不必太悲观。批判性的视角也在参与宏大叙事的"建设"，比如三峡大坝。人们已经看到了，如果没有反对人士的积极参与，三峡的问题恐怕要比现在多得多（现已承认污染是一个问题），历史会感谢那些持"负面"价值观的人们。人们感谢阿米什人也一样。我坚持认为阿米什人也在现代化，他们更多地取二分法（只是为了叙述方便才这样分的），正的、上面的算现代化，另一面就不算现代化了？实际上如果不用二分法的逻辑来看，事物可能有更多层面和角度，在阿米什人的现代化与我们正在实施的现代化之间，仍然有一个连续谱。未来中国的和谐社会建设，恐怕要在这个谱中寻找一个恰当的位置，两个极端都不大可能。今天我们同情、欣赏阿米什人的生活方式，实际上等于反对一类现代化，而支持另一类现代化。正像我们反对某些领域的科学扩张（如现阶段的克隆人、大规模杀伤性武器研制等）而支持另一些领域的科学研究（如可持续发展研究、环境治理、生态保护研究等），反省"第一种科学"而呼唤"第二种科学"（见《哲学研究》1997年第11期，第20—28页）一样。

主动放弃"好词儿"，不是聪明的选择。在"科学"与"现代化"问题上，我们一方面要消解"好词儿"之优良价值"附体"的观念，一方面要使它们多元化、增加新的内涵，即做"增量"，这不是"搅浑水"。放弃使用这些词或者只坚持狭义的理解，在传播学意义上看是不明智的。谁规定科学只能取这样的形象，谁规定现代化只能有这样的面貌？在争夺与放弃之间还有许多选择。我的意思是没必要去争夺，也没必要放弃。一种乐观的入世想法是，我们今天不同的看法、行动多少参与了明天的事物的形成，宇宙是波普尔所说的开放的，未来也是开放的。环境问题在一些国家中的局部好转，多少令我看到了一点儿希望，不要低估了底层公民行动的影响力。我们所能做的是在体制化的僵化教育中开个小窗口。

对"文化特区"我甚至也持乐观态度，一两个特区或十几个特区，免不了民俗旅游的表演，但再多一些呢？当社会的大多数或者相当数量的人们自觉地尊重传统、拒绝麦当劳式的文化，形势就可能反转。从吃的角度拒绝麦当劳，不是不可想象的，如你讲的，关键是对孩子的教育。中华民族，无论如何变，也不应当或者不可能变成被同化的西方白人。你在美国加州，会见到大批的华人，他们似乎永远也无法或者不愿融入美国的"主流"文化，虽然美国的文化已经够多元的了。当全球华人成为一个大的阿米什人式的族群时（实际上过去就是），世界会是什么样子？在不太远的过去，华人本来就类似阿米什人，西方有无数人向往着东方。后来，他们对东方的态度由尊重变成了蔑视，用自己的价值观改造了东方。我们的希望就是，在全球化的过程中让东方重新成为东方，让中国人做中国人。

去年美国教会史学会前主席、美国科学史学会主席罗纳德·南伯斯（Ronald L. Numbers）到北大演讲，在苏贤贵老师介绍后我们直接谈到阿米什人。我说中国就是一个大的阿米什人，他当即表示反对："中国如此重视科学技术，怎么是阿米什人呢？"实际上我们是在不同的时空尺度上考虑问题。不过，转而我们都同意这样一个新的表述：中国**应当成为**一种阿米什人！在这种理解中，并不意味着中国不能使用新技术、高技术，而在于如何驾驭技术，如何保持自己的文化特色。当前中国的问题总体上看还不是在某个细节使用了更多的技术，而是我们不自觉加入了西方现代化的潮流，在此过程中失去了自我和文化自信。最近一百多年以及今后几百年，在中华民族的成长史上可能只是一个插曲，相当于一次大的外族入侵。

现在，第一步我觉得在服饰和建筑上应重新走出自己的道路（好在我们在语言、饮食方面依然保留着传统）。在教学上和服饰上，张祥龙和蒋劲松老师都做出了表率，他们做了一点点努力，却是重要的、落实到实践层面上的，我应当向他们学习。

田松（2006.11.12 – 15）：我同意南伯斯的说法，中国如此热衷于换自己的血,怎么是阿米什人呢?但是我同意你说中国曾经是一种阿米什人。在"中学为体,西学为用"的年代,我们是阿米什人。但是,当中国的知识分子领袖如胡适之者都主张"全盘西化"的时候,我们不可能是阿米什人了。一位生活在海外、穿西装、吃西餐、说英文的中国人可能会保持着一颗中国心,然而,当现在的中国乡村少年心中向往着电视里的大都市时,尽管他们的衣食住行依然中国,也已经在自己的家乡失去了意义,也将不能保住自己的家乡。

关于现代化,关于科学,虽然从策略上我不反对拓展词义,我还是坚持使用狭义的用法。因为现代化不仅仅是一个时间的概念,而有其具体的内涵,这个内涵与资本主义的经济体系,与以科学及其技术为核心的工业文明,与全球化,与冥尺逻辑,都是互相支持相互协调的,同时,这个内涵与阿米什人的生存理想,与未来的生态文明,是格格不入的,不能相容的。

当然,我的观点可能比较极端,或者我更强调处于极端的状态。你认为存在一个连续谱,我同意,正如我们说科学主义和反科学主义之间是一个连续谱,在"中学为体,西学为用"和"全盘西化"之间也可以是连续的,不存在截然分明的边界。但是,两极的状态肯定是不能混为一谈的。当下中国的强势话语并不是在寻找两极之间的平衡,而是在疯狂地奔向其中的一个极端,在这种情况下,我更愿意强调另一个极端的可能性。

如你所说,我在这里遇到了很多中国人,走在伯克利的校园里,坐在公共汽车上,经常能够听到中文的对话。甚至在我到达美国的第一天,几乎没有说过英文。来接飞机的是南京时的同学,住的是一个来美国十几年的上海人家里,连出海关时给我在护照上盖章、检验行李票的两位,都分别说着台湾"国语"和香港普通话。不久前在街上遇到一位越南华侨，在我们用国语交流的时候，我实在是能够感觉到汉语的神奇。但是，这里的第二代华人，他们的母语已经不是中文了。他们脱口而出的是英文，对于这种情景，我觉得非常怪异。他们身上还能有多少中国？进而，我们这些生活在国内的人，身上还有多少中国？

中国人需要唤回自己的民族自信，才可能作为中国延续下去，才可能成为阿米什人。这个民族自信并不来自诺贝尔奖，而在于我们能够从自己的文明传统中获得生存的意义，获得属于我们的自己的幸福。相反，当我们企图从诺贝尔奖中寻找民族自信时，我们在更根本的意义上失去了民族自信，因为那是在用别人的标准——冥尺——来衡量自己。

规律可不可以被违背？

刘华杰（2007.10.17）：田松，你以前在文章中说过"科学定律是不能违反的"，我当时觉得很有道理，也转述过你的说法。最近听刘闯教授在中国人民大学现代逻辑与科学技术哲学研究所成立大会上讲"决定论与自由意志的相容性"时，再次考虑了一下这个问题。

受自然科学影响甚深的哲学家通常论证说，自然定律是不能违背的，把它当作一个不容置疑的前提，然后由此导出一系列推论。

我现在立场变了，对这类说法开始怀疑了："自然定律"是什么意思？是指（a）大自然本身的定律，还是指（b）自然科学的定律，抑或是指（c）上帝的定律？

显然 a 和 c 我们都不知道，虽然也可以假定，但"短期内"这两种意义上的定律对于我们人类来说是不可企及的，看不见，也无法掌握。

我们听说并运作的是"自然科学的定律",即科学定律。那么这种定律是什么意思?是指未来的,还是指已经有的?

假如对于未来的科学发展我们不讨论,现有的科学定律具有什么性质?

这些定律(不是一条两条,而是一堆)是异质的,处于不同层次的,是可错的,是可以违反的!

比如力学中虎克定律这种十分简单而"低级的"定律,很容易违反:超过线性区它就不成立。那么人们会说了,此定律叙述得很清楚:在弹性限度内云云。但是什么是"弹性限度"?那还不是指定律所阐述的线性关系成立之时吗!这是循环定义,没有太多价值。

对于一条新定律,我们并不知道它在什么情况下不成立,因而无法描述它如何失效。但总可以设想这东西未必是永恒的,违反它在逻辑上也是不犯毛病的。

我发现任何已知的定律,原则上都是可以违反的。当我抬起左手,这一行为就违反狭义的力学定律,因为我借助于其他"能量"了,而狭义的力学不考虑生化能量。

我想听听你的想法。今天中午与刘闯讨论了一下,没有明确的结果,他说我的这种"违反",不是典型意义上的"违反"。但他也没有具体讲什么是典型的"违反"的含义。

田松(2007.10.18):我那篇文章其实是一个反讽之作,写得很早。20世纪90年代初期我教大学物理的时候,写了一系列与大众语境中的常识(或者你说的缺省配置)唱反调的小文章,取名"反调集"。不过这批文章当时没有发表,十几年后才陆陆续续地发了几篇,而且也不成系列了。这个系列的文章都很短,基本上贯彻了我的词语分析、逻辑分析和心理分析的招法，点中常识之中的自我矛盾。第一篇是我最得意的，名字叫"乌云遮不住太阳及其否命题之逻辑论证"。

在《规律的惩罚》中，我分析了一个常见的说法："不遵守客观规律，就会遭到客观规律的惩罚。"我发现，这个说法本身是荒谬的、不自洽的。

按照缺省配置的理解，存在一个外在的客观规律，与人的意志无关，人类不可以改变或者消灭它们，但是可以认识到它们，并使之为人类造福。这是个本质主义的本体论假设和可知论的认识论假设。通常，规律惩罚说是建立在这两个假设之上的。规律惩罚说有很多例子，比如，烧红了的烙铁不能摸，这是客观规律，如果你不相信，要违背它，去摸，烫掉一个手指头，这就是规律的惩罚。

"规律惩罚说"看起来合理，但是其中所说的规律，已经不是全然与人类无关的规律了。或者说，这种说法本身已经包含了社会建构的成分。其中关键在于"惩罚"这个词的使用。所以在那篇短文中，我指出了这个说法后面隐含的以科学为"神"，而且是"人格神"的潜意识。

这个逻辑在于，如果规律是客观的、不以人的意志为转移的，我就无法违背它，即使我主观上想要违背它，客观上也不能。比如我不相信红烙铁烫手，于是我去摸，于是我被烫掉了一个手指头——然而，我被烫掉了一个手指头，恰恰验证了红烙铁烫手的客观规律，也就是说，我实际上是没有违反这个规律的——既然这样，为什么要"惩罚"我呀？相反，我实际上是验证了这个规律，难道不应该"奖励"我吗？

这样一分析起来就特别有意思。如果规律是客观的，我就无法违背它,它没有理由惩罚我;如果"规律"是可以违背的,它就不是"客观"的,或者说不是"规律"——它更加没有理由惩罚我。"规律惩罚说"的所有例子,都可以通过这种分析,进行消解。

对不起啊,我开头太长了。现在回到你的问题:

> 自然定律是什么意思?是指(a)大自然本身的定律,还是指(b)自然科学的定律,抑或是指(c)上帝的定律?

在本质主义的预设下,存在一个客观的外在于人的规律,在中世纪,这个规律是a,也是c,两者是一致的。到了启蒙主义之后,c被取消了,只剩下a。

在可知论的认识论预设下,科学家会认识到a(或c),并把它表述为b。所以,而b常被人认为是与a(或c)相一致的,或者,b是可以逼近a(或c)的。

但是现在,当我否定了本质主义的本体论假设,也不再相信可知论假设,则"规律是否可以被违反",就不再是个严重的问题了。因为"规律"这个词,现在已经被"去意识形态化"了,已经不是大词了。b当然可以被违反,因为它本来就是人所建构的。而违反人所建构的b,就像违反交通规则一样,只是个操作层面的事情。

a(或c)是否可以被违反,这个问题没有意义。因为第一,a(或c)本身是个假设,我可以不承认它;第二,即使我承认它存在,但是它只能被表述为b,而b是可以被违反的。

刘华杰(2007.10.19):对于你说的:"'不遵守客观规律,就会遭到客观规律的惩罚。'我发现,这个说法本身是荒谬的,不自洽的。"我很赞同,但想补充几句。

第一,如果说不遵守规律就要受到惩罚,这是一种拟人论的说法。假定这一说法成立,假定的前提成立,就表明规律确实是可以被违反的了!违反的后果是什么,按此句的说法就是受到惩罚。

第二,用我的"双非原则"(既非……也非……)来分析一下,那种说法也有问题。不遵守规律与受惩罚之间,不存在充分关系。不遵守规律对于受惩罚来说,既不充分也不必要。人们受惩罚常常是因为按照自然科学的规律办事而倒霉。近代以来,人们恰好因为过分相信当时科学所描述的规律,依此行事,结果受到了报应,恩格斯就描述过。

自然规律中的"自然"两字,通常是给自己壮胆的或用来吓人的。当"以科学的名义"不足以服人时,就"以自然的名义"来说话。问题是,谁有资格以自然、以上帝的名义说话,站在西奈山上颁布律法。

大约在2000年,江晓原在《科学时报》上写过一篇短文《科学可不可以被研究?》,我们现在讨论的问题,恰好也可以用类似的句型表达——"规律可不可以被违背?"规律的英文写作"law",从表现上看,这东西本身就同时有两层含义:人为和非人为的。作制度法规讲的"law",当然是人为的(据说也有来自大自然的根据,如自然法),即使它非常自然、非常合理。

你前面用过"客观"这样的描述,那么在自然科学中所述说的多种规律是客观的吗?通常大家都这么说。但是,主客两分法是非常成问题的。当我们谈论美学问题时,发现"美"这种东西既不是纯客观的也不是纯主观的,而是既有客观又有主观(卡尔松的自然美学另有一个命题"自然全美",这里暂时不谈。卢梭关于自然也有一个论断"大自然全真全善",也暂时不考虑)。同样,自然科学中的所谓规律,也是既客观又主观。说它们客观,是指这东西比较稳定,许多人都认可,据说还不以人的意志为转移;而说它们主观呢,是指它们毕竟是人为的、人造的,只代表了人的认识的某个阶段的概括。

现在有三个问题:(d)自然科学中的规律既是客观的也是主观的,这一表述你是否认可?如果我们还照样使用主客两分的语言的话。(e)如果认可的话,科学中谈的规律与美学中谈的美,有何根本性的差异?我们如何区分它们是不同性质的东西?(f)力学、物理学、化学、生物学、经济学、社会学等当中的规律,如果有的话,显然不处于同一层面,普适性不同。这些规律之间是什么关系?是可还原,还是不可还原,抑或部分可还原?

田松(2007.10.19):但是问题恰恰在于,我对主客观两分的话语已经渐渐放弃了。对你的问题(d)"自然科学中的规律既是客观的也是主观的",我的态度根本不是认可不认可的问题,而是觉得这个命题没有意义,它没有说什么,也给不出什么。所以实际上我是不认可的。这个表述仍然是反映论的方式:存在一个客观实在,这个客观实在中存在着客观的规律,这是规律的客观性;然后,这个客观的规律可以被主观的人所认识,并被认识者主观地表述,这是其主观性。但是,即使我承认本质主义的实在论假设,我下面的问题是,你凭什么敢说你所认识的那个、你所表述的那个,就是这个客观的规律呢?

以往对于这个问题的回答可以称为"渐进说":虽然认识不到,但是可以无限接近。就像圆周率一样,我们虽然永远也无法达到最后的真值,但是我们可以无穷逼近,只要有足够的时间,想算出多少位数来,就能算出多少来。但是,渐进说其实是循环论证,因为你相信渐进说,就已经预设了规律在那儿——在那个你要趋近的地方,不然你都不知道往哪儿趋近,也不知道是在趋近,还是在背道而驰!当然,在经典物理学的时代,渐进说很有说服力。因为小的微扰只能产生小的结果,所以就算有误差,也可以所差不远。而且,误差是会越来越小的。但是,当非线性物理出现之后,渐进说就遇到了一个根本性的问题。小的微扰可能产生大的后果,混沌了。

规律是什么?或者说,我们所"说"的规律是什么?我用一个物理学术语做比方,"真值"。似乎我们以前的讨论中,我说过这个比方。在物理学的实验教科书中,所谓真值就是那个客观的、绝对的、真正的数值。但是,教科书马上又说,真值不可以达到,测量值与真值之间永远存在误差,但是随着测量次数的增多,统计平均值可以逼近真值——然而,随后的内容里,就永远用统计平均值替代了真值。在我看来,统计平均值可以逼近真值这个判断,依然没有论证,它其实是个循环论证。从操作层面上说,这两者其实是一个东西。也就是说,所谓规律,不过是人类大量观察的统计平均值。

一个命题必须镶嵌在一个语境中才有意义。"既有主观性,又有客观性",这个命题同样不可孤立出来,它有背后的缺省配置的语境。如果我放弃了语境,这个命题自然也就被放弃了,所谓"皮之不存,毛将焉附"。当然,我也可能把同样的表述放在另一个语境中,但是这时,这个表述已经不是原来的命题了。

这个问题解决之后,你的命题(f)"力学、物理学、化学、生物学、经济学、社会学等当中的规律，如果有的话，显然不处于同一层面，普适性不同。这些规律之间是什么关系？是可还原，还是不可还原，抑或部分可还原？"也需要重新表述了。你这个命题的语境仍然是实在论的，相信一个层次分明、层层实在的外在世界，然后讨论其中各个层面的规律，以及规律之间的关系。强科学主义者设定了一个完全还原的理想状态，我当然是不能认可的。我顶多认为，部分可还原。而且还要对还原做严格的界定。

至于你的问题（e）美是什么，我觉得仍然可以从真值、测量值、统计平均值的角度来说明。科学理论是建立在统计平均值之上的，个体的测量值如果不符合这个值，就会作为偶然误差而删除掉。但是，艺术、美，必须建立在个体的测量值之上。美就是个体的感觉，是个体的独立的、不依赖于他人的感觉。一个东西你觉得美，那就是你的美。哪怕全世界人都说不美，你也可以坚持你实实在在感觉到的美。那么，是否全世界的人都欣赏的美，或者说大多数人欣赏的美，就成了客观的美呢？你当然可以把它说成客观的美——但是很明显，这个客观的美，是由所有个体的主观感受建构出来的。

在我看来，科学规律的客观，也是这样建构出来的。在这个意义上，科学规律和（客观的）美，的确是一致的。

刘华杰（2008.01.08）：没想到，等你从美国、欧洲回来，我们的对话一放就是一年！

我并不相信实在论，但想把问题引向深入。我同意你引出来的两个字"建构"，科学事实与科学理论，以及自然科学、数学中讲的真值、本征值、数学期望，等等，都是建构的。如果没有人，没有科学家，这些词是没有意义的。

但是，我不想（很多人可能也不想）抛弃"客观性"这个人们用习惯了的好词。

于是，一条道路是，改变"客观性"的含义，把它理解成某种"主体间性"。离开人的纯客观性，根本不是在认识论系统内讨论问题，可以认定它是不存在的，也没有意义。不过，并非一切主体间性都可以称作客观性。按 SSK 的讲法，一定历史阶段的"集体认可"是个关键所在。珠穆朗玛峰有多高？8848.13 米（我们上学时要背诵的数字）还是 8844.43 米（2005 年国家测绘局局长陈邦柱在国务院新闻办公室举办的新闻发布会上，根据《中华人民共和国测绘法》，经国务院批准并授权发布的数值）？显然都是建构的，我们根本无从知道它"本来的"高度，假如"本来的"仍然是个有意义的词。但这两个高度，都是通过复杂的办法计算、建构出来的，并深深渗透着话语权力，也都是被相当大的集体认可的。但是，别的国家仍然可以不采用这样的数据，甚至根本不认可其测量基准和程序。在 GPS 十分普及的今天，测某地的高度不算太难的工作，国家颁布的官方数值，更多表现了政治、主权方面的含义，与实在论的朴素客观值想法相去甚远。珠峰的高度甚至是无法检验的，所谓检验就得按照原先所使用的方法一步一步重做一遍，劳民伤财不说，结果出来后能说明什么？什么也说明不了。如果高了，并不证明原来的值测小了，因为可能这一次误差更大。再来一次如何？仍然不解决问题。如果一样呢，是不是就证明找到了客观值？也不是，因为可能都做错了，误差正好一样。听众也能根据自己的理解选择相信哪一个数据。

我的意思是，建构论与实在论在哲学史、科学史、科学编史学发展过程中所代表的观念是不同的，但是它们在新形势下经过去语境化，仍然可以相安无事，它们不是必然不相容。比如"弱实在论"与"弱建构论"就可能是一种较好的选择。反实在论者在最终的意义上也不可能做到完全彻底，反实在论有一种解放的作用，当这种功能完成后，它没必要一直反下去。同样，建构论起初也有一种反叛、解放的味道，当这种努力初战告捷后，一味喊建构也就没有太多意义了。在当下的中国，反实在论、建构论，依然十分有意义。

我们说事实、规律是"建构"的，不是指"任意建构"（否则的话，哪位随便来建构几条物理学定律瞧瞧），而是指它们是属人的，从一开始直到永远，都深深地打上了人这种"可怜的"（注意，"怜"字还有"爱"的意思）动物的烙印。而其中的"人"，既指个人，也指集体的人，一般来说指一定社会、政治、经济、知识体系下的一批人。

如果事实、规律确实是属人的，那么就没有理由认为它们不可以被改变、被违反。某某事实、规律能否改变、违背，是程度上的问题，而不是能不能的问题。

假定只有一个事实，假定只有一个真理（以及相关的只有一种访问真理的办法），假定只有一个准确的自然定律，等等，这本身并没什么，也不可怕。可怕的是，进一步宣称某某比较牛，通过"神目"看到了那个事实，拥有了那个真理，洞悉了那条自然定律，或者稍弱一点，某某获得了"最优"结果、"最优"解释、"最优"说明。

田松（2008.01.12）：是啊，时间真快，新的一年的第一个月已经快过去一半儿了。

在操作的层面上，我们的观点可能是一致的。虽然我不用你的这种表述方式。我忽然意识到，这可能是我们历次对话中，少有的一次以一致作为总结的——不知我的记忆是否有误？

如你所说，非实在论坚持到底，也是不大容易的。关于真值，我有这样的判断：

（1）真值是一个假说——这意思是说，真值是建构的；

（2）真值是一个不必要的假设——不用真值，采用另一种建构方案，也没有关系；

（3）真值是一个方便的假设——真值这种建构方案是很有用的。

上述命题中的"真值"可以替换成"客观规律"。

在这种叙述方式下，从操作层面上，应该就是你所说的"弱实在论"和"弱建构论"吧？不过，还是要注意表述方式的不同。即我的表述，是站在建构论的立场上的，真值是一个方便的假设。而你的表述，是倾向于实在论立场的。因为在你的叙述中，仍有"实在"与"建构"之分别。

记得蒋劲松有一次对我说：你们反科学文化人和科学主义者其实没有什么区别。科学主义者告诉大家，科学是这样的，你们要听我的。你们告诉大家，科学不是他们说的那样，科学是我们说的那样，要听我们的。你看，你们不是一样吗？

我的回答是这样的。在科学主义者看来，他们掌握了科学的本质，而且是唯一的本质，所以他们是正确的，而且是唯一正确的。而我说的科学，是人类学意义上的，我强调的是，这是我所理解的科学，这里的科学是复数的；而没有强调，我的理解是最对的，其他人都是错的。

关于不可知论，我有一个很简单的论证方式。我们是人，凡人，肉眼凡胎，所以人是有限的。我是有限的，所以我不敢相信我能认识到那个绝对的、客观的、放之四海而皆准的客观规律——假设它存在的话。我能认识的，就是我所能够认识的有限的世界，所见即所能见。同样，你也是有限的凡人，如果你声称你所认识到的那个就是绝对的客观规律，我只能给出北岛似的回答——告诉你，我不相信。

刘华杰（2008.01.13）：规律并不强加于人，而是人以自然的名义说某某是必然的、非如此不可的。学术研究，包括科学研究，所揭示的因果联系、自然定律等，并不表明这世界如其所述说的那般存在充分必要的联结关系，但这样说并不一定要否定相关条件在概率意义上的重要性。因此在我看来，准确的表述是"既非充分也非必要但可能很重要"（neither Necessary nor Sufficient but possibly Important）。所谓"充分""必要""必然"，只不过是过分简化的、抽象的逻辑学关系，在一定意义上，它们方便有效，但也仅此而已。

结论似乎是：在某种条件下，规律是可以被违背的。帕斯卡尔曾说："当我们看到一种效果总是照样出现时，我们就下结论说，其中有着一种自然的必然性，比如说将会有明天，等等。然而大自然往往反驳我们，而且她本身也并不服从她自己的规则。"（帕斯卡尔，《思想录》，何兆武译，商务印书馆1985年版，第48—49页）帕斯卡尔还引用过蒙田的一句话："孩子们害怕他们自己所涂的鬼脸。"

田松（2008.01.13）："既非充分也非必要但可能很重要"，这个表述简洁有力，比我的"一个假设、一个不必要的假设、一个方便的假设"更容易传播，我喜欢。

我觉得，对于规律的寻求，可以追溯到人类寻求确定性的心理需要。孩子总是希望获得某种保证，一旦获得了大人的保证，心里就会踏实。孩子信赖大人，因为他们相信大人具有更强大的力量，进而想象他们有无穷的力量。而一旦发现大人的脆弱，就会感到心里恐慌，觉得失去了依赖。

　　人类也是这样，希望能够有所依靠。人们希望找到一种确定的知识、确定的行为准则，对于"明天太阳是否照常升起""明年你是否依然爱我"之类的问题，给出一个确定性的回答。这是人类自身的脆弱。以往，人类把确定性的希望寄托到神的身上，在启蒙主义之后，在现代化走向全球之后，人类把确定性的希望寄托到科学（规律）身上。在这个背景下，规律可不可以被违背，是具有渎神意味的、震撼性的问题。而当我们采纳了"既非充分也非必要但可能很重要"或者"一个假设、一个不必要的假设、一个方便的假设"这样的态度，规律可不可以被违背，就变成了一个无足轻重的问题。

"真"的实在抑或幻境

田松（2008.05.31）：科学的技术存在负面效应，现在基本上已经是共识了。尽管对于科学本身的负面效应也有学者开始讨论，比如刘钝先生曾在多种场合介绍过刘益东先生提出的"致毁知识"的说法，蒋劲松提出过科学研究以及科学传播本身具有负面效应。但是，科学本身之存在价值，存在巨大的价值，仍然是一个天经地义的命题，是我们缺省配置的一部分。我不想对这个命题予以否定，我想问的是，科学是否存在某种绝对的、所有人都会认可的价值？如果存在，那么，按照拉普拉斯的概念，这个价值就是科学的最坚实的硬核。一旦要为科学辩护，只需要拿出这个硬核，所有人都只能闭嘴。这个硬核存在吗？如果存在，是什么？比如说，求真？满足人类的好奇心和求知欲？

刘华杰（2008.06.06）：关于"科学"的各种定义

或者描述，我猜想，即使是一种对科学最有利的刻画、描绘，也不大可能具有你所设想的或他人所设想的"最坚实的硬核"。如果承认有的话，就相当于找到了关于"科学"的一种不变的内在规定性。

求真的事情较复杂，暂放一放。"满足好奇心""满足求知欲"是相对容易说清楚的事情，这也是为科学之存在性进行辩护的最常见的理由之一。据说人总是有追求知识的好奇心，对此似乎也很难否认。问题不在于此好奇心是否存在，我们还要追问的是，此好奇心是否要受到约束？窥淫癖对某些人来说，是一种好奇心，但其存在至少要受到一定的限制。另一个例子是通过纯科学的进步让人长寿甚至"万寿无疆"，迄今的科学在此方向上已经做出了巨大贡献，但是这样一种推进是无限的或无可争议的吗？追求知识、在纯科学上永无止境地实行探索并不断创造，在常识看来没有问题，这些都是一些值得鼓励的意向、设想、行为、实践。不过，在最近的一年中，我开始怀疑这样的一种缺省配置。2007年秋，我尝试写了一则短文《伏地魔之子论纯科学推进的速度》，自认为是在非常严肃地讨论一个困难的问题。事情的缘起是，善思·里德尔（Science Riddle）是魔法界恶贯满盈的汤姆·马沃罗·里德尔（Tom Marvolo Riddle）之子，即伏地魔（Lord Voldemort）之子，不过他"不喜欢魔法"，在个性上也更像他爷爷而不是他爸爸。他精通魔法，却从不施展魔法，对麻瓜也无鄙视。一日，麻瓜艾丽丝（Alice）报考科学魔法学校，正好遇见善思·里德尔，他们谈起了科学技术对近现代社会的塑造。

此文不但涉及纯科学的存在性，还涉及纯科学的推进速度。在我的此番讨论中，并不关心技术或"技科"，因为那还不够彻底，还不足以凸显问题的张力。此文写成后，似乎没有媒体愿意刊出。

田松（2008.06.09）：我很喜欢你这篇短文，虽然是小说的写法，但是讨论着严肃的问题。事实上，我之所以要讨论这个问题，也是你这篇短文所引发的。在那篇文章里，你讨论了"纯"科学发展是否过快的问题。在几年以前的科学文化会上，你提出了"科学技术的发展速度是否过快的问题"，从大众话语的角度，这个问题直到现在仍然是过于先锋了。即使是我们这些"反科学文化人"，也不是都能接受。不过这几年，关于技术以及应用科学的发展是否过快的问题，已经有很多人有所讨论。这个学期江晓原老师到我的科学文化课上做客，也跟同学们讨论了科学技术的发展是否太快，以及实际上有些科学和技术的发展已经太快了的问题。不过，对于"纯"科学的发展，似乎仍然没有见到有人提出过质疑。

目前，人们赋予纯科学以价值，大致有这样两个维度：

（1）求真。人们通常认为，纯科学的目的是为了认识自然，认识自然规律，满足人类的求知欲，获得人类对于身外世界的最充分的知识。

（2）作为一切应用科学的源头。纯科学虽然远离应用，但是，正如你在那篇短文里所论证的，它是一切应用的源头。人们通常认为，纯科学的发展不充分，应用科学以及技术的发展必然后劲不足，如无源之水，所以国家要加大对纯科学的投入。

当然，这两条并不是独立的。第一条是基本的。在这篇对话中，我真正想要讨论的是第一条。不过，我们不妨先讨论一下第二条。

我们所说的纯科学，指的是纯粹作为认知体系的科学，作为自然哲学之数学原理的那种科学。但是我认为，在大科学时代，这样的纯科学已经不复存在。以往我们强调纯科学的重要意义的时候，常常会说到法拉第的故事。在一次圣诞演讲中，法拉第演示了新发现的电磁现象。一位贵妇人问："先生，您说的这些的确很有趣，但是它有什么用呢？"法拉第回答说："夫人，您知道一位刚出生的婴儿的将来吗？"现在，电磁现象这种当年的纯科学已经彻底改变了我们所生存的世界。然而，当我们以这个故事来强调当下的纯科学的价值时，恰恰表明，这种"纯"科学已经不纯了。科学家要求国家和企业支持纯科学，以及国家和企业支持纯科学，都是醉翁之意不在酒。名义上是为了纯科学，实际上是为了纯科学在将来可能的大用场。而纯科学家在申请课题的时候，也必然要强调其中潜在的应用。

刘华杰（2008.06.09）：在讨论这个问题时，有人的确使用了两套论证思路。

当强调纯科学的意义、价值，要求社会、政府大力资助纯科学研究时，人们说纯科学是一般科学和实用技术的先锋，虽然现在好像没什么用，但将来一定有用。因此资助纯科学代表了一种远见。

但当有人质疑某些技术的应用未必对人类社会有益甚至有害，而某些技术以及背后支撑它的科学、纯科学也难逃干系之时，人们就说科学不同于技术，纯科学不同于一般的科学，等等，即使某些技术有问题，另外一些技术、纯科学等则是没有问题的。因此支持纯科学发展、加大纯科学的投入是毫无问题的。

此时我并不在乎纯科学、一般科学、应用技术等等之间能否清楚划界，但想强调，如韦伯（Max Weber）所指出的，自19世纪以来作为"学术"之重要部分的"科学技术事业"已经逐渐职业化，凭什么人们要另眼看待这种职业？在社会上有许多人的确在吃科技这碗饭，暂不说资助科技的工业界有自己的利益追求，科学共同体或科技共同体也有自己的利益诉求。用卢梭的术语来讲，科技共同体也有自己的"总意志"，而它与整个社会的"总意志"可能抵触。科技基础研究和应用开发为社会提供了大量的就业岗位，作为一种建制的科技在各国家中均占有举足轻重的地位，科技确实是撬动历史车轮的杠杆，塑造着我们目前的工作方式、生活方式，极大地影响着人类未来的走向。

当然，我要限定一下，我并不想做全称概括。我并不想说所有的技术、所有的科学、所有的纯科学都有问题。我只想说其中有些部分发展过快，与社会发展不协调，因而公民不能无条件地支持科学、纯科学的发展。即使在纯智力领域，中庸、自我控制也是一种美德。

某个人可以保持好奇心、尽可能发挥自己的智力才能，只要不违法，但是不要指望社会也要无条件地认同、支持、资助此人的研究。如此看来好像只是出于经济学的考虑，一定历史阶段中的社会无法满足所有人的好奇心并资助他们。经济学考虑当然是重要的考虑，但还不是全部。还有社会正义的维度，如出于社会安全的考虑，而故意控制纯科学发展的速度。有人会给出一种论证：正好因为纯科学的应用是潜在的，我们事先无法区分哪些将来有益，哪些无益或有害，所以都要支持。这是一个无效的论证，前半部分可以接受，但由前半部分推不出后半部分。有谁能够做出这种推理吗？在我看来，其前提也许正好暗示：

（a）统统不要支持；（b）适度支持。综合考虑，我想"适度支持"比较可取。我的想法初看起来很荒唐、很反动，但我的主张也不过如此，即对于纯科学也要坚持适度支持的原则。

你现在倒是可以讲讲纯科学"求真"的事情，我想它确实是个问题。

田松（2008.06.16）：的确如此，由"无法预知哪些有益哪些有害"的前半截，是不能推出"都要支持"的后半截的。不过，对于你的"适度支持"，我也不能完全同意。因为"适度"的"度"由谁来把握，以及能否把握，都是问题。所以很容易成为政治正确的废话。不过，如果作为对"统统支持"的消解，我则表示赞成。

对于纯科学的问题，我最近在考虑一种更为彻底或者说更为极端的思路。通常我们说人类精神的三大维度是真善美：科学求真，宗教求善，艺术求美。真善美，以真为首。所以科学或者纯科学，被认为是寻求关于这个世界的"真"的知识，所以能够满足人类的好奇心。我常引用伽利略一句话："《圣经》可以告诉我们怎样上天堂，但是不能告诉我们天体怎样运行。"毫无疑问，在伽利略看来，科学能够告诉我们天体怎样运行。而在这样一种观念背后，隐含着另一种观念，即关于天体怎样运行，存在一个唯一的绝对为"真"的答案。所以，科学所追求的"真"，是本体论的意义上的"真"，是一元论意义上的"真"，是实在论意义上的"真"。也就是说，当我们承认了"求真"是（纯）科学研究的意义和价值时，就已经同时默认了一种一元论的实在论的本体论。

而这种一元论，对于文化多样性的破坏是致命的。人们相信，关于天体怎样运行，只有一种解释是"真"的，其余的都是"假"的，都是"错"的。人们又相信，科学追求的，就是那个唯一的"真"。但是，我们怎么能够断定，科学所追求到的就是那个唯一的"真"呢？这必然陷入一个定义的循环，即把科学所追求到的定义为那个唯一的"真"。于是，科学的这个唯一之真，在科学拥有强大话语权的情况下，就对文化多样性构成了致命的消解。比如说，关于宇宙的起源，各个民族都有自己的创世神话，犹太民族讲上帝创世，中国人讲盘古开天，体现了丰富的文化多元。但是，所有这些在现代科学看来，都是"错"的、"假"的，而只有大爆炸理论，才是或有可能是"真"的。

以往我们在讨论科学主义的本质主义时，讨论过科学或者科学主义的本体论：

（1）存在一个外在于人的客观世界；

（2）这个外在于人的客观世界存在着唯一为真的客观规律。

进而，在认识论上，认为：

（3）这个规律能够为人所掌握；

（4）这个规律就是人类已经掌握的科学。

以往我是在认识论的层面上提出疑问：你怎么可以断定，你所掌握的规律，就是你所声称的那个本体论的唯一为真的客观规律呢？

然而，如果我在本体论的意义上就不认同实在论，而是认同非实在论或者反实在论，不承认存在一个外在的科学的世界，则科学所求之"真"本身，就只能被认为是建构的结果；那么，科学之"求真"，也就自然而然地失去了其堂而皇之的意义。

刘华杰（2008.06.16）：我想对你刚才所讲的做三点评论。

第一，关于对科学发展进行"适度支持"的可操作性，不必那么悲观。我所反对的只是，对此问题采取某种简单化的、先验的、逻辑的解决方式，或者在未意识到问题的情况下不加反省地蒙混过关的做法。我认为人类有生存智慧，在一定条件下可以找到实用的解决办法。当然，前提是唤醒公民对相关问题的关注，公开讨论有关问题，在制度和程序方面做出安排。

第二，关于"科学或者科学主义的本体论"，你讲了两条。我想这虽然是许多人的共同看法，但是在辩论的意义上，这表达的只是一种强版本的本体论。如果替对方着想，我认为可以用一种弱版本取代它，这样也许更公平。比如，保留第一条不变，第二条中把"唯一为真"去掉。如果我站在对方的立场上，我就会对你所说的第二条做出调整，以使它与多元真理观并不冲突。类似地，对于第三、第四条，也可以叙述一种不易反驳的版本。比如，我可以把上述四条修正如下：

（1）在人类之外存在一个或多个客观世界；

（2）在客观世界的运作中存在着自然规律；

（3）人类能够了解那些规律；

（4）科学通过科学方法和科学定律在不断地揭示、接近那些自然规律，因而科学是人们获取客观世界真实运行状态的最佳工具。

不过，即使做出这番修正或者其他修正，它（们）仍然要面对你所指出的"真"的问题。何谓真？真、善、美三种目标或指标之间是独立的吗？简单的想法是，真可以用"符合"程度来定义，而真、善、美三者之间是独立的。而在我看来，这两点都是可质疑的。我并非一上来就特别反对符合真理论，而是希望把这种理论"透明化"。"透明化"的意思就是让外行、局外人了解它是如何实际操作的，而不是它在字面上如何修饰的。在生活世界中，科学（家）是如何实现对"真"（理）的优先"访问"的？对于后者，我觉得真、善、美的顺序应当换成"善－美－真"，这才符合历史发生顺序和生活世界的要求。特别地，"真"的标准并不能简单地凌驾于"善"与"美"的标准之上。

第三，涉及科学、科学之"真"与建构性的关系。仅仅指出建构性，并不解决问题。科学（家）一开始是坚决反对建构说的，但现在完全可以（事实上已经有人部分这样做了）坦率地承认科学是部分甚至完全建构的，但同时主张科学建构得最好，简直棒极了！这样，就把建构论的刺激性消解了。

田松（2008.06.18）：华杰，你说的简直就是我想的。我非常认同你的第二点和第三点评论。但是对第一点还有所保留，对于人类的集体智慧，我无法乐观。

你虽然给科学的实在本体论做了一个弱版本，但是如你所说，这个弱版本中仍然潜存这一个"真"的两难。在我看来，只要所追求的是"真"，与多元性就必然不能相容。事实上，你这个弱版本是难以自洽的。当我们泛泛地说，存在很多客观规律的时候，指的是对于不同的事物存在不同的规律。但是，对于同一个事物，科学（主义）难以承认存在同样为"真"的不同解释。仍然以宇宙起源为例，科学（主义）可能会承认，目前存在多个对宇宙的解释，甚至也可以承认，目前这多个解释都各有道理。但是，科学（主义）会认为这只是一个暂时的过渡阶段，会认为，所有这些都只是获得部分真理，或者说，都只是在向"真理"的靠近、渐进。事实上，这样一种表述已经默认了唯一"真理"的存在，那就是我们所要靠近、所要渐进的。倘若这个"真"不存在，靠近、渐进的目标就消失了。对于实在论的本体论来说，既然本体存在，本体就必然唯一，真相必然唯一。如果存在两个平行的"真"，结果必然是两个平行的"假"。比如在对于光的解释中，波动说和粒子说一直都是水火不容的。现在这两者虽然都被接受为平行的"真"，那是因为，这两者在量子力学之后被统一起来了，出现了一个超越于两者之上的更高层次的"真"，而这个"真"，还是唯一的。

而从非实在论的角度看,既然"真"是建构的结果,那么,下一个问题就是,我们的"真"在什么原则之下建构。所以"真"必然不是第一位的。

真、善、美三者,以"善"为先。我完全同意你的排序。

我常常引用这段公案,教皇保罗二世为伽利略平反时发表演讲,他借用了伽利略关于天体与天堂的隐喻,反过来说:"科学可以告诉我们天体怎样运行,但是不能告诉我们怎样上天堂。"在这个表述中,上天堂比知道天体怎样运行更为重要,即"善"优于"真"。

回到宇宙起源这个例子,我曾经讨论过纳西族的创世神话。纳西族所要构造的首先不是天体怎样运行的物理理论,而是人类社会的秩序如何结构的社会理论。其创世神话相当于传统民族社会生活的基本宪法。天体的运行与人间的秩序是一体的。关于天体运行之"真",是附属于社会运行之"善"的。

当"真"摆脱了"善"的约束,自身成为最高原则,整个世界的神性就消失了,成了纯粹的物质的集合。

刘华杰(2008.06.20):不过,我不想挑衅人们对朴素实在论的感情。换种说法,我认为科学过去是、现在是、将来仍然是一种复数存在。即使假定了所研究对象的唯一性,甚至假定了最终的目标或真理是唯一的,我们依然可以坚信殊途同归,即"不那样也行"。如果存在上帝,不同人可以有不同的接近上帝的方式。我不喜欢用"真""真理"这样的词。如果一定要用的话,宁可说:真(理)是一种不稳定的动力学状态或叫"鞍点"。谁都有可能恰巧碰上真(理)、被真(理)砸到脑袋,但谁也不敢保证始终拥有真（理）。维持真（理）状态，需要能量，需要做功。今年"六一"儿童节那天我在王府井书店"首都科学讲堂"的留言簿上，写下了类似的句子。

关于真、善、美三者的排序，来自中国文化的例子可能更好。《墨子》《庄子》中均有不错的例子，在其中"善"是排在"真"之前的。对于求真与受操纵的"竞技体育"，古代智者已经明确指出，非不能也，实不为也。

我赞成你最后一句的看法。如果需要的话，"善"应当成为唯一的最高原则，即使我们对"善"有不同的理解。"唯一"和"不同的"似乎矛盾，在根本上我相信现实的复杂性、多样性，所谓统一性、规律性、真理等等，仅仅是人们一时幸运，而曾经体验到的一类东西。我显然肯定后者的价值，只是不想让后者因僭越而掩盖前者。

知识：立场与变焦

刘华杰（2011.04.07）：《公众理解科学》《在理解与信赖之间》《国家的视角》都涉及我们在什么立场上以什么视角看待知识、科技。前两者我知道得较早，后者虽然在国内已面世多年，但因为不在一个领域，2011年出第二版时我才偶然遇上。《国家的视角》英文原题是 *Seeing Like a State*，直译就是"像国家一样看问题"。

田松（2011.04.07）：我觉得这些年我们讨论的问题逐渐拓展，从科学而技术，从科学、技术而社会，以往我们觉得，国家是一个超越性的概念，或者说，在我们考察科学、技术与社会时，我们是把国家当作一个常量，一个客观的、中性的量。在科学传播的理论探索中，我印象里你是最早提出国家的立场问题的。这样，我们就从科学传播，从STS研究拓展出去，我称之为文明研究。从这个角度看，国家自身也是一个利益共同体。从国家的视角看,就是从国家这个利益共同体的视角看。政治学是一个我们相对陌生的领域,这本书对我们来说,可谓雪中送炭。

刘华杰(2011.04.08):我原来考虑科学传播的立场和模型时,由大家熟悉的两层两个模型扩展为三层三个模型,一点小小的创新是把"科学共同体"与国家、与公民区分开来。但是过了若干年,我现在越来越感觉,三层三个模型还有缺陷。上一次是下行,确认了"公民立场",而此时可能需要上行,在国家之上寻找新的主体(agent),进而确认"超国家立场"。在处理科技和人类未来等问题时,主权国家、民族国家概念是不充分的。斯科特(James C. Scott)的这本《国家的视角》令我坚信,除了原有的三层主体外,还需要超越国家层面来考虑科学传播问题。《科学与社会》杂志2011年第4期在"争鸣"栏目一共组了五篇文章讨论了"科学传播的第四主体"问题。

第一章"自然与空间",在我看来,反省了自然科学方法和程序,以及现代国家的行事风格。"就像科学林业官员没有任何兴趣详细地描述森林的生态一样,国家机构没有,也不可能有更多的兴趣描述整个社会现实。他们的抽象和简单化都被锁定在很少几个目标上,到19世纪,最突出的目标一般还是征税、政治控制和征兵。"(《国家的视角》,社会科学文献出版社2011年版,第21页)近代科学建模时为便于操作而大大简化大自然,最终导出与大自然实际运行不相干或者相悖的推论,这些推论被当作真理用于指导和控制生产过程。而国家机器,特别是集权国家机器与这种科学程序相结合,才最终导致了一些恶果。这两者单独哪一个,都没有太大的力量,"建设/破坏"的效率都不高。"国家+

科学"的组合才是要害，此模式在短期内，对于国家目标来说或许是高效的、好的，但长远看就不同了。从利益分析看，此组合反映了哪些主体的利益呢？

田松（2011.04.12）：你的三个模型、三个立场之说对我的启发很大。其中的"公民立场"引发了很多争论，当时我们的一位学生还发表了文章，提问公民立场何以可能？国家（政府）与传统科普，科学共同体与公众理解科学，都是受益的共同体主持与之对应的科学传播活动，但是公民立场却没有直接对应的共同体，难免流于学者的想象。我为了回答"公民立场何以可能"这个问题，把公民立场解释为"学者视角，公民立场"，并强调，由于不同公民有不同利益，所以科学传播的公民立场必然是超越性的，必然要从全体公民的利益着眼，并且必然要立足于未来！"而这种未来也不是从具体的某一个公民集团或者利益集团着眼的，而是从一个民族、一个国家乃至整个人类的未来着眼的。"不知道这里面是否隐含着你所说的超国家立场。

《国家的视角》以林业开头，让我有些意外和惊喜。书中所描写的国家对于林业的管理，以及国家对于社会的管理，很多与我们这个专业的新理论相吻合。森林本身是芜杂的、多样化的、丰富的，但是在国家的管理中，完全变成了人类的资源，人类将森林作为资源进行管理，就必然对森林进行简化、标准化处理。国家对于社会的管理也是同样的，也要对社会进行简化和标准化。机械论、还原论、决定论的强大逻辑笼罩了各个层面。国家执行着牛顿范式的数理科学的逻辑，把这个逻辑应用到一切领域。现代民族国家与数理科学在根本上是相通的，这是工业文明的特征之一。所以作为利益共同体的国家与作为利益共同体的科学，二者达成合作是非常自然的。

还可以看到很多对应。国家对森林的简化与标准化管理，是把森林当作人的资源；国家对社会进行简化和标准化，是基于什么原则、什么标准呢？或者说，国家是把社会当作了什么呢？

从这点深入下去，我发现，国家同样把社会当作了资源。但是问题在于，当作了谁的资源。那个超越了国家的东西，是什么？

我隐约地发现，是资本。

刘华杰（2011.04.12）：我个人觉得"学者视角，公民立场"，讲了两件事，两者是不同的。"公民立场"处于底层，从利益分析来看，不成问题，经济学中有对应的家户理论，以与国家理论、厂商理论相区别。"学者视角"在我看来是游离不定的，谁弱就为谁说话。现实中，学者视角可以呼吁关注公民立场、企业立场、科学共同体立场、媒体立场以至国家立场。也可以说，"学者视角"不容易从单一利益角度进行分析，因为此视角在不同时间可能代表不同的利益主体。

不过，你讲的"学者视角"、做世界学者，以及斯科特的这本书，确实启发我意识到原来的三层利益分析是不够的。

对国家进行批判，列宁早就做过，后来不时尚了。其实列宁讲得很准确，所谓国家，就是统治阶级利益和意志的体现。

科学林业、科学社会，首先考虑的是国家，即统治阶级的利益和意志。而谁是统治阶级呢？这本来不是个问题，但挂羊头卖狗肉久了，假的就成真的了。

我认同你对"资本"的再次发现。资本与统治阶级捆绑在一起，相互代表。

工业化社会的"资本"，与以前的"钱"有什么区别呢？能否说，

"资本"天然包含了近现代科技因素？包含着对自然的潜在处置和对社会的潜在改造？第二章讲极权社会，而集权社会未必是资本主义社会。按斯科特所讲，集权社会似乎加剧了技术对自然和社会的改造，导致"高效率地""简单化地"处理问题，可否这样说呢？

田松（2011.04.15）：我们寻求超越国家的立场，我想在很大的程度上是因为，国家本身并不是超越性的，而是具体的。国家是统治阶级利益和意志的体现，这个判断我们在中学的政治课中都学过。现在重温，感觉更加深刻。

工业文明中的"资本"与以往的"钱"是有本质区别的。简单地说，"钱"是一个名词，而"资本"是一个动词。"资本"自身就蕴含着自我增殖的特性。资本表现为数字，但是又不仅仅是数字，它必须与现实的物质世界相对应，一切经济活动，或者一切社会活动，即使是非直接生产的行业，比如服务业，或者我们的教育行业，归根结底，都会表现为从大自然到人类社会再到垃圾的物质与能量转换过程。所以资本的增殖，最终会表现为对自然的压迫。而当国家把资本视为核心价值，则国家必然对社会进行改造，把社会改造成为一个推动资本增殖的利器。波兹曼（Neil Postman）曾经提出这样的问题，美国的目的是什么？他说，美国已经不是一个文化共同体，而是一个资本共同体、一个利益共同体，整个美国变成了一个大公司，乃至于国家的教育也是为了资本的利益而服务的。这是工业文明的特征。

在工业文明建立的过程中，科学及其技术是马达和润滑剂。如果没有科学及其技术的辅助，资本对世界的控制必然不会达到今天这样的程度。虽然在源头上，资本可能并不必然包含了现代科技的因素，但是资本与科技的结盟是毫无疑问的。在我看来，以资本为核心的社会体系与制度化的科学和技术，再加上资本主义的意识形态，是工业文明的三大基础，三者相互支撑，三位一体。在这个意义上，也可以说，资本"天然"包含了现代科技的因素。

在科学及其技术的帮助下，国家或者资本，对于自然的处置更加深入。工业文明与自然是天然对立的。

集权社会虽然未必是资本主义社会，但是两者对自然和社会的改造是相似的。并且，集权社会的控制力会更强。简单地考虑，集权社会自身存在一个目的，为了维护这个目的，需要有现实的物质的支持，集权社会必然以其可以动员的力量，获取维系其自身生存或者目的的物质，从而必然要"高效率地""简单化地"处置社会，处置自然。

刘华杰（2011.04.16）：我愿意引用中山大学张华夏教授的话："田松博士的观点是马克思的观点，是马克思关于科学、技术与社会的几个观点之一。……科学技术的资本主义应用使它成为资本的奴隶与帮凶。"（《伦理能不能管科学》，华东师范大学出版社 2009 年版，第 13 页）

所不同的是，马克思是"长远乐观派"，相信生产力与生产关系会冲突，最终推动资本主义灭亡，让人类社会进入一个理想状态。我们似乎很难否定这样一种信念，但在可预见的未来，趋势似乎并不是这样，你提到的"三种势力"，还要进一步施展力量。

科学与工业的关系，可能比人们所能想象的还要密切。最近我在读清华大学董丽丽的博士论文，其中讲到哈佛大学新一代科学史家伽里森（Peter Galison）对爱因斯坦和庞加莱的创新性研究。伽里森于 2003 年出版了 400 多页的《爱因斯坦的钟表与庞加莱的地图》。"爱因斯坦对于时间同时性的思考并非仅仅源于其物理学和哲学方面的思辨，而是与当时的技术进步和社会需求密切相关，甚至，恰恰是当时火车的发明和使用所导致对同时性的社会需求和技术诉求，以及爱因斯坦所在的专利局中大量关于时间同时性的技术发明使得爱因斯坦投身于同时性的洪流。"（董丽丽，博士论文第 32 页）而法国数学大牛庞加莱所主持的法国领土测量的工作也需要精确的经纬度数据，这就要求对相隔很远的本地时间进行比较。董丽丽的论文让我重新阅读了庞加莱《科学与方法》一书的最后一章"法国的大地测量学"，读出了以前没有发现的内容。

伽里森的这一工作要比福曼（Paul Forman）论魏玛文化与非因果的量子力量之间关系的案例研究更有说服力。除了 SSK 方面的含义外，这些工作也表明即使纯科学也与现代性交织在一起，相互加强，同步前进。

人类社会似乎变得越来越有学问，对个体而言，现有的科技知识够人学一辈子的。现代社会中人们的生活变得富裕，吃得越来越好，寿命越来越长，面对大自然和"敌人"力量也在增强。这不是"进步"吗？

田松（2011.04.16）：科学与工业的关系，我们以往总是采取从科学到技术，再从技术到工业的进路。这种考虑都是在工业文明的大背景之下进行的。我还是觉得，科学与工业的直接关系，是在 20 世纪之后才开始建立起来的，尤其是"二战"之后。

另外，我觉得对科学本身需要进行区分。工业革命之前的科学与工业革命的科学不是一种科学。韦伯提出了新教伦理与资本主义的关系，默顿提出了新教与科学技术的关系。但是，默顿所说的科学技术，在我看来，就已经不是牛顿、伽利略意义上的科学了。在新教徒及新教伦理加入科学共同体之后，科学变了。从自然哲学变成了技术的母体，从追求形而上，转变为追求现实功利。所以说，从神学的婢女堕落成资本的帮凶。

有一个巧合非常具有象征性，马丁·路德出版德文《圣经》的那一年，正是哥白尼出版《天球运行论》的那一年。1543年。这是新教与科学冥冥之中的关联。

至于吃得越来越好，寿命越来越长，这是人们赞美工业文明或者科学技术时常用的说法，仿佛是一个事实陈述。但是我这几年越来越感到怀疑。现在我的总体想法是这样的，人类作为一个整体，向自然索取了更多，获得了更多，但是，在人类社会内部的分配是不均衡的。当我们问，人为什么吃得越来越好，寿命越来越长，答案自然是，因为科学技术。但是，我要问的问题则是：是哪些人的饮食在变好？是哪些人的寿命在增长？这样一来，就回到我最初的命题上来，处在资本食物链上游人们的饮食在变好，寿命在增长。比如山西小煤窑的工人，比如淮河流域地下水遭到污染的那些地域的村民，我想他们的寿命没有增长。所以，在我看来，人类平均寿命的增长（即使这是一个事实陈述），并不能证明，人类社会整体在变好（或者说进步），相反，使用平均寿命，掩盖了人类社会内部的不平等。正如我们用人均工资的增长或者GDP的增长，并不能证明我们的生活变得更好了。

刘华杰（2011.04.16）：由于医药卫生等等的发展，人类的寿命确实变长了，不仅仅是在平均意义上如此。不过，要反思的是生活质量和相对幸福感的问题。生产力的进步速度远超过人类幸福感的进步速度，这恐怕是个事实。从风险控制的角度看，生产力的增进（我就不用"进步"两个字了）速度，似乎超过了人类驾驭其恰当使用生产力能力的增进速度，这是一个麻烦事。

斯科特的书用相当篇幅讲"工业化农场"失败的故事，其中特别提到"二战"前的苏联与美国虽然社会制度不同，意识形态不同，但是两国在尝试工业化农业方面想法高度一致，相互夸奖，相互学习，并且都出现严重问题，这一点给我留下深刻印象。在作者看来，工业生产获得成功是相对容易的，而用工业化的办法处理农业就出现了一系列问题，原因在于农业面对的是复杂系统，远离容易控制的实验室，与科学规划、设计、预测相去甚远。但是，在美国等发达国家，工业化农场最终还是在政府的保护下生存下来了，甚至还表现得不错。到了20世纪末，发达国家一批农业高科技公司很红火，如同以前的工业一样，大举跨出国门，将脚伸向了全世界，发展中国家抵制不住诱惑，开始与孟山都之类公司合作。

田松（2011.04.24）：我现在已经能够在（数理）科学、工业化、环境问题、生态问题之间建立一个必然的关联。如果立足于盖娅学说，这个关联就更加简明。世界本身是复杂的，工业文明为了强化控制，提高效率，必然对世界进行简化，从管理者的立场和视野进行简化，或者遭到复杂世界的反弹，或者使世界失去复杂性，也便失去丰富多样性，失去生机。这本书从政治学和社会学的角度给出了很多案例，值得我们从自身的专业角度加以讨论。

斯科特在书中谈到，度量衡的统一、语言的统一，与对森林和城市的规划一样，都首先是为了统治者统治的方便，并且都是与（数理）科学的逻辑相一致的。斯科特之所谓的极端现代主义者，与我们所说的极端科学主义者，是同一种事物的不同表述。

工业化全面延伸，延伸到以往被认为是非工业，甚至与工业对立的领域，比如山林、农村。这些地方常常被我们与田园生活联系起来，但是出乎我们意料的是，这些地方已经悄悄地变成了工业。林业变成了工业，农业变成了工业，畜牧业变成了工业，养殖业变成了工业，工业的逻辑无所不在，工业的问题也无所不在。

美国的工业化农业看起来是成功的，但是在根本上仍然违背大自然的逻辑，或者说，不合天理。所以这种成功必然是要付出巨大的代价的。只不过，这种代价可能首先不由美国人来承担，而是由处于现代化下游的国家和地区来承担。即使如此，这种农业也会有崩溃的时候。实际上，美国大规模工业化农业也已经引发了一些严重的后果。比如沃斯特（Danald Worster）教授在《尘暴》（生活·读书·新知三联书店2003年版）中就把美国20世纪30年代的大规模尘暴归因于工业化农业。

刘华杰（2011.04.30）：面对工业化的大潮，农业的工业化或许是不可避免的。不过，美国农业的工业化模式也许并不值得其他国家效仿，即使想学可能也学不来。记得我第一次到美国中部看到广阔的大平原时，印象很深刻，那才叫"地大"或"大平地"。在那样的地方搞传统农业，土地故意分成一条一块的，反而不自然了。在那里，采用传统办法耕地锄地，的确显得无趣且不经济。美国人少地多，但耕地比一般国家的平坦得多，用斯科特常用的语言讲，那里大自然的复杂性相对较低，即使采取工业化简化，也不会简化太多。虽然这种"简化"在历史上也导致一些生态问题（如你提到的20世纪30年代的尘暴），但意识到之后相对容易补救，而我们就不同了。

我个人的观点或许并不极端，只是主张不能"一刀切"。有些可以工业化，有些不能工业化。不能工业化的并不等于没有优势,不意味着低效率和低质量,这是需要明确的。在这个问题上,我倒觉得《国家的视角》的分析也有简单化的方面。

在现代世界格局中,农业的战略角色仍然值得关注。在发达国家,农业似乎只是配角,人吃饱饭不再是问题,重要的是用更大的精力发展工业、高科技,从而使国家获得整体上的竞争优势。但是为了自身的利益,发达国家会用高科技和资本回过头武装自己的农业,进而通过国际合作或者自由贸易和投资,渗透并控制他国的农业,对竞争对手来个釜底抽薪。这样做符合现代性规则,却潜藏着巨大的风险。风险表现在三方面:第一,农业的命脉将掌握在少数跨国公司手里,即便他们管理的农业是最优的、最高效的(并非如此),他们的道德和政治可信度也是值得怀疑的,一有风吹草动,农业便成为其要挟的重要手段,在这种意义上转基因主粮有很大风险;第二,工业化农业大量使用人工化学品,时间久了,会对土壤、大气、河流造成严重破坏,农田施用了过多的化肥会导致一系列的问题;第三,某些工业化农产品外表吸引人,品质却可能下降,长期食用这些产品会危害百姓的身体。

出路似乎只能是多样化,而不能全盘工业化,甚至不宜强调工业化是方向。多样性可以对抗单一性,从而回避较大的风险。这样一来,用不同手段生产出的农业产品,就应当有不同的市场价格。传统的有机农业产品应当是高价,工业化农产品应当低价,国家应当强制推行准确标识,使用户有自主选择的可能性。当然,必须有相应公正的科学传播相配合。据报道,国家的某项目试图用200万元专门做转基因作物的"科普"。表面上看,这似乎是件大好事。其实不然,这种"科普"能普及什么、传播什么观念?它的预设是什么?它是正义的吗?

田松（2011.04.30）：我觉得，你的这个说法也隐含着某种现代性的价值。美国是大平原，适合工业化农业。可是，为什么大平原就适合工业化农业呢？大平原，就放在那儿草长莺飞不好吗？

工业文明对自然进行全面的控制，是满足资本增殖的需要。把大草原变成大农田，也首先是资本增殖的需要，不是温饱的需要。资本增殖的内在动力，在科学技术的辅助下，必然向全球扩张，对整个地球进行控制。资本为了增殖，不断开拓市场，开拓新产品，也力图把以往不是商品的东西变成商品。歌曲成为商品，格调成为商品，水从基本生活资料变成商品（参见巴洛等著《蓝金：向窃取世界水资源的公司开战》，当代中国出版社2004年版），粮食也从基本生活资料成为商品（参见周立著《极化的发展》，海南出版社2010年版）。处于资本上游的国家对下游国家的粮食进行控制，是非常自然的一件事儿。指责别人阴谋论是无法消解这个问题的。在人家有可能通过转基因、通过技术控制我们的情况下，我们怎么能放心地把自己的粮食安全寄希望人家的好心肠上呢？当然，你也不能说人家的心肠坏，人家只不过是坚持自己的利益，按照他们自己制定的游戏规则，跟你玩一场其实并不平等的游戏而已——谁让你愿意跟人家玩了？可是我们很多人竟然天真地认为，可以在这场游戏中获胜，可以加入上游俱乐部，再一起去欺负下游。

在资本主导的情况下，在科学与技术附庸于资本的情况下，科学与技术不可能自动行善，倒是作恶的可能性更大一点儿。同样，科普之中也渗透着价值观，乃至于赤裸裸的利益。如果科学传播是出于科学共同体立场或者国家立场，那么所传播的科学，必然按照这个立场进行筛选，不可能是中性的。在与科学相关的社会事件中，专家的话已经越来越遭到公众的质疑。从牛奶问题、转基因问题,到刚刚发生的核泄漏问题,莫不如是。专家既然属于某个利益群体,他所传播的信息总是会经过筛选,或者在对信息进行解释的时候,朝向有利于该集团利益的方向。不久前我在"一虎一席谈"与核专家相遇,他们就坚持认为,直接死于切尔诺贝利事故的只是个位数,而间接死亡人数,则没有资料。所以,转基因集团的所谓科普,无异于购买媒体。这是资本与科学更加赤裸裸的结盟。科学已经失去了它在小科学时代积累起来的社会荣誉和公信力。

刘华杰(2011.05.01):今天是国际劳动节,早上6点上网,谷歌界面给出一幅节日纪念画。这幅画很有意义,很能说明我们生活的工业化时代:画面背景是三个冒着烟的大烟囱、两个铁架、两辆机动车、一个厂房,还有一个箱形的东西,大概代表计算机了。画面突出的是一只斜放的扳手(代表google字母中的l)和一颗螺丝帽。画面中也有两棵树,但很小。这里暗示的"劳动"是工业化"劳动",劳动节似乎就是工业劳动节。

  为了避开城里人集体涌向郊区,我没吃早饭,先开车出城,直奔延庆的松山森林公园。即使6点18分出发,高速路上已经挤满车。还好,今天看到了我以前从未见到的一种只有10厘米高的小草——异花孩儿参(*Pseudostellaria heterantha*),《北京植物志》称"异花假繁缕"。这个地方我来过五次,以前竟然没有看到,也许是太小了,也许时候不对(长在林荫下,稍早或稍晚均不易发现),总之我错过了。全株高10厘米左右,块根纺锤形、单生,茎叶被柔毛,叶对生,雄蕊10,花药紫色。今天往返行程220公里,但为了这种小草,很值。这个属我以前只见过蔓孩儿参。到现在为止,北京没有下过一场透雨,山上颇为干旱。藜芦在林下山坡上随处可见。珠果黄堇和蛇果黄堇都见到了，后者现在既不见花也不见果，我何以判断？只因我来的次数多了，对其一生的"长相"自然都知道。

这一天的活动与科学有关，准确地说与博物类科学有关。它与创新无关，与科普也无关，但与科学休闲有关。

斯科特的《国家的视角》接近结尾处的第九章与我上述五一节的活动有关，这章的题目叫"薄弱的简单化和实践知识：米提斯"。这一章与我个人的想法有共通之处，我读了好几遍。我没想到斯科特竟然推出这样一章，把非常宏大、复杂的政治和社会问题交由实践的、传统的、地方性知识来处理。这也给我正在鼓吹的博物学"克服"现代化的进路，额外提供了一点儿信心。

田松（2011.05.04）：你这个发现非常有意思。我们的一切社会生活，对于我们个人而言，最终总要归结到个人的具体的生活上去。人的具体的生存总是有限的。你今天看到这朵花，与这朵花相处，你这段时间的生命就是属于这朵花的，而不能同时属于另一朵花，，或者属于我们正在写的这篇对话。现代化似乎给了我们更丰富的生活，但是我们的寿命依然是有限的，我们依然只能利用有限的时间来做更多的事情。王勃诗曰："海内存知己，天涯若比邻。"现代化使得天涯比邻成为可能，然而，当远在天涯的朋友可以通过电话、互联网与我们成为比邻的时候，我们的比邻就成了天涯。虽然只有一墙之隔，但可能"老死不相往来"。我们真正的生命体验，可能并没有因此而更加丰富，却可能使我们失去了深度，失去了以往那种时间的长度。同时，现代化这种生存状态，又耗费更多资源，产生更多垃圾。

暑至极则寒，寒至极则暑。现代化将丰富的世界归之于功利的目的,使其丰富性逐渐丧失,最后全球齐一。对现代化的批评,则必然走向对于地方性的重新肯定,从地方性之中,从局部之中,从具体的生活之中获得意义。

现代化如同杂技里摞椅子,椅子越摞越高,总有崩溃的一天。在我们从高台走回地面之后,我们会看到一株株微小的野草,回归于具体的细微的生活。我最近读《庄子》,也常常有强烈的共鸣。

刘华杰(2011.05.05):斯科特把知识分成两大类:(1)普遍适用的与理论密切相关的技术知识,它与古代的 episteme 和 techne 有关;(2)与个人技能、感觉和实践、生活方式有关的米提斯(metis)。

在现代社会中,特别是现代教育体系中,前者得到高度重视,后者被忽视,前者在时间、空间和价值上挤对后者。美洲土著在历史的长河中积累了非常适应当地人与自然相处的本土知识,比如他们知道,"要在橡树的叶子长到松鼠耳朵大小的时候种植玉米"(《国家的视角》中译本第398页)。这一知识可能不具有普遍性,不适用于其他大洲、其他国家,但它非常适用于本地,这要比精确的天气、温度、日期还要管用,因为它不是单一指标而是反映了大自然多种因素的综合指标。斯科特还说了一段俏皮的话:"如果你的生命就依赖于你的船是否能从恶劣天气中返航的话,那么你一定希望有个经验丰富的船长,而不是可以分析航行中的自然规律但从未进行过实际航海的杰出物理学家。"(第401页)当然,最佳的情况是,既懂得理论又有实际经验。但是两者的修炼可能是矛盾的,人生有涯、学制有限。目前的状态是,我们的教育体制更在乎培养出"杰出的物理学家",而非"经验丰富的船长"。如果以为物理学家没有力量,那就大错特错了,他们的计划可能不符合实际,但是他们能够说服有关部门,能够做出一个人工系统,并能在短期内让它运转得非常好。正是这一点,有了更大的欺骗性。剪彩时轰轰烈烈、出尽风头,将来出了麻烦时,却推脱"那与我无关",或者说,"如果要补救,请找我,但别忘了追加资金!"

以为依据现代科学技术和教育所看重的第一类知识就可以有效地规避风险,是个天大的错误。与风险社会理论的提出者贝克(Ulrich Beck)的观点类似,斯科特指出:"科学包括了可以计算的风险,但放弃了一些真正的风险因素和占主导的命题(生态危机、喜好的改变)。"(第413页)准确讲,科学只是包括了某些可以计算的风险,它系统地忽视没有进入科学圈的风险,并且它自身的无约束发展构成科学自身难以触及的最大风险。也许,斯科特正是有了这样的认识,才主动放弃"高精尖"的现代"科技"或"技科",而把希望寄托在"米提斯"上。

道理是这样,问题是如何操作?在当前的政治、经济、教育体制和价值观下,米提斯的意义如何显现出来,并传承下去?

田松(2011.05.16):斯科特的很多观点与我们不谋而合,虽然我们使用的术语不一样。斯科特的米提斯,大体上就可以对应我们现在常说的地方性知识。在我们平时习惯的话语体系中,与科学知识相比,地方性知识被认为是地方性的、零散的、局部有效的、经验性的、知其然而不知其所以然的,而科学知识则是普遍性的、系统的、理性的、放之四海而皆准的。科学知识拥有更高的话语权。这些年,我们也才从自己的专业视角,赋予地方性知识更多的话语权。但是,在依然强大的科学主义意识形态背景之下,我们的这些讨论往往也要依靠科学话语来进行,比如我们经常引用的联合国科学大会宣言,即使如此,我们的讨论也容易被认为是强词夺理。也有人尽管承认地方性知识的价值，但是仍然认为，地方性知识是比科学知识低一级的知识。显然，斯科特赋予了米特斯独特的地位。

我在不久前的一篇文章中，也谈到了科学的普遍性问题。我发现，科学的普遍性是从来没有得到过科学所声称的那种证实的。科学的普遍性是科学的理想，是科学所追求的目标，是科学希望自己具有的性质，而不是当下的科学已经获得的性质。这产生了一个有趣的悖论。一方面，科学声称具有普遍性，我们便赋予了科学崇高的地位；另一方面，科学的结论总是在更新，又把这种更新视为科学进步的标志。总之，我们都从好的方面去对科学进行解释。因此，如果科学结论总是在不断地变化，它就是不稳定的，一个不稳定的东西，怎么会是一个具有普遍性的东西呢？但是，人们并不这样想问题。

相反，地方性知识总是根植于本地的文化传统，根植于本地的生态环境，具有高度的稳定性。比如你提到的斯科特的例子，"在橡树的叶子长到松老鼠耳朵大小的时候种植玉米"，这个地方性的知识毫无普遍性可言，但是，就其适用的范围而言，具有高度的稳定性。其历史越长，稳定性越高。于是我们看到一个悖论，声称是普遍性的科学是不稳定的，而局域有效的地方性知识，反而是稳定的。其根本原因在于，科学的普遍性是应然，而非实然。

按照劳斯（Joseph Rouse）的观点，科学是一种实验室里的地方性，它看起来具有的普遍性是通过将大自然实验室化而表现出来的。其"普遍性"乃是社会建构的结果。在我们消解了科学知识的神圣性之后，地方性知识（斯科特所谓的米提斯的价值）的意义会更加凸显出来。

米提斯如何传承？首先要认识到它的价值，它超越科学的价值。

刘华杰（2011.05.26）：火柴、打火机流行后，人们大概就忘记了打火石、钻木和透镜等取火方式。让课本知识压得身心疲惫的校园大中小学生再学习传统知识，越来越不现实了。

已有的米提斯传承是一方面，我们有充分理由要保护它们；另外特别值得指出的是，米提斯并非已经完全固定或者已经死掉。

实际上，在远离都市、现代化的地方，米提斯知识仍然在不断地生产着，正如现代科学知识在实验室里每天都在生产一样，只是速度缓慢得多。

斯柯特提到在马来西亚一个小村庄了解到的当地村民如何创造并运用生态学知识。斯柯特注意到，当地居民的村子栽种杧果，杧果树被红蚂蚁侵扰，果实在成熟前就被这种蚂蚁破坏了。斯科特见到老家长伊萨把一些尼帕果树叶带到杧果树下。原来，尼帕果树叶脱落后会自己卷成长筒，里面是黑蚂蚁产卵的理想地方。搬来的树叶放置几个星期后，黑蚂蚁在上面产卵并孵化，据说再过一阵就可以目击两种蚂蚁大战了。周围的人将信将疑，都在关注事态的变化。黑蚂蚁身材较小，不及红蚂蚁的一半，但数量上占优势。黑蚂蚁对杧果树叶和果实不感兴趣，它们迅速占领树根附近，最终把树上的红蚂蚁控制住了（第429页）。"这一成功的生物控制实验需要掌握几种知识作为先决条件：黑蚂蚁的栖息地和食物，它们产卵的习性，要猜想什么物质可以替代作为移动的产卵房，并且还要有黑蚂蚁和红蚂蚁喜爱彼此打仗的经验。"（第429页）

斯科特还提到，19世纪时法国农村有一种传统聚会（veillées）：当地人在农闲时聚集在一起，一边脱粒或刺绣，一边交流各种意见、故事、农事、建议、闲话、宗教或民间故事。我小时候，东北农村似乎也保持着这种聚会，即使片刻休息（比如锄地中间小憩），交谈也十分热闹。此类聚会"成为未经预报的日常实践知识交流会"。这大概相当于科技园的创新咖啡吧，不同思想在此汇聚、碰撞。不过，在前现代社区里，这种聚会对于知识的创新和传播并不倾注太多的热情，聚会就是聚会，是生活的一部分。

斯科特在一个脚注中说："新形式的米提斯也在不断地创造出来。……不管在现代社会或落后社会，米提斯都是普遍存在的。"（第431页）有两点可点评的：第一，斯科特讲的米提斯含义较广，实际上包含了各种非编码的知识、技能；第二，米提斯也在创生，虽然在现代化进程中一些宝贵的部分在快速地消失。

如果米提斯包括了波兰尼（Karl Polanyi）讲的默会知识、传统知识，那么我们今天该做的就不是一件事，而是两件事。第一，保护、传承已有的米提斯；第二，通过广泛的民众切身实践，发展出新的米提斯。两者是关联的，亲自实践才能让米提斯处于"活"的状态。在此，公众博物学，可作为一个候选者。

田松（2011.06.01）：从一种还原论的观念里，人们会觉得一种技术可以脱离它的社会状态而单独存在，也有可能被移植到另一种社会状态之中。尼尔·波兹曼曾讨论过，一种技术被引入一个社会之中，导致整个社会围绕这种技术重新建构，技术形态发生改变。比如广播出现之后，整个社会围绕广播而重新结构；电视出现之后，整个社会又以电视为中心重新结构。斯科特强调的是米提斯与其社会形态之间紧密结合的关系，以及米提斯在现代化中的迅速丧失。

就其与普遍性相对应而言，米提斯是一种地方性知识。在其与科学技术相对比而言，米提斯类似于我所谓的"经验技术"——来自经验，并随着经验的累积而得以提高的技术，这种技术强调人的技能，而不是工具。但是，通常人们总是觉得"科学的技术"才是更高级的技术，有科学原理的指导，更具有普遍性，相比之下，经验技术则是原始的、粗浅的、不系统的、知其然而不知其所以然的，所以在科学的技术出现之后，人们总是试图把经验的技术科学化——试图用科学原理解释经验技术。这种努力在很多时候是徒劳的。比如，用现代生理学、解剖学、生物化学等现代医学，至今也不能对中医进行解释。斯科特在书中也特别用了一节讨论这个问题："实践知识与科学解释"（第414—422页）。但是，虽然有的时候，米提斯能够从科学的角度予以解释，但是，这种科学的解释在斯科特看来"太慢、太辛苦、太浪费钱，并且往往不明确"。相比之下，米提斯直接来自直觉，来自经验，常常一目了然，直达本相。你所提到的例子也正好能说明这一点。当地人能够用自己的语言描绘关于红蚂蚁和黑蚂蚁的知识，也能直接利用这些知识。这些知识肯定不是科学的，甚至往往由于采用了神灵话语而被认为是迷信，但是这些知识毫无疑问是有效的。这些经验技术，米提斯早在有科学之前就已经诞生了，它们事实上也超越了科学，因而它们的合理性完全不需要科学来赋予。

　　在我看来，斯科特的工作已经进入了文明批判的层面。

　　米提斯－经验技术－地方性知识，与科学－科学技术－普遍性知识，是分别镶嵌在不同的文明模式之中的。在现代化的全球化过程中，前者不断被后者取代。"米提斯的被破坏和被来自中心清晰的标准公式所取代，是国家和大型官僚资本主义活动的中心内容。"（第431页）国家和大型官僚资本是这个变化的推动者。与此同时，人也随之而变。人"为了执行计划的需要，成为没有性别、品位、历史、价值、意见和自己想法，没有传统和特定个性的人"（第444页）。人的个体差异、文化差异、民族差异等被抹平，成为现代文明体系中标准化的螺丝钉。

在我们通常的话语系统中，这种变化被视为社会的进步和发展。斯科特指出："我们关于公民身份、公共卫生项目、社会安全、交通、通信、统一的公共教育以及在法律面前人人平等的理念都受到了国家创造的、极端现代主义简单化的影响"（第437页）；"极端现代主义的社会工程往往披着平等和解放的外衣：法律面前的平等、所有人的公民权利、生存、健康、教育、住房权利。极端现代主义信条的前提和最大吸引力就是国家要将技术进步的好处带给所有的公民。"（第452页）当然，这是不可能的。科学技术首先是资本的帮凶，是资本增值的工具。所以，这些技术进步的好处，当然首先由处于资本上游的地域和阶层优先享用。

"科学林业、完全的土地产权、规划的城市、集体农庄、乌贾玛村庄，已经工业化农业的发明都是聪明的，代表的都是对非常复杂的自然和社会系统所做的简单干预。"（第451页）现代社会的建立，首先要对自然系统和社会系统进行简化，依照机械论、决定论、还原论的科学进行简化，从而实现国家层面对社会的控制和资本家对企业内部的控制，以保障资本的增值。在这种简化过程中，自然与人都遭到了剥夺，自然物中的一部分被剥离出来，成为资本主义生产中的原料，进而导致全球性的生态危机；人被从其自身的历史、文化中剥离出来，逐渐丧失其主体价值，成为资本主义生产中的工具，使得人性失去滋养，被风干，枯萎。

斯科特对于当下文明框架的批判是相当深刻的。他的学术资源虽然与我们相去甚远,但是他的批评方式却与我们有非常多的一致。这样,就很容易在他的话语和我们的话语之间构成对应或者转化,这使得他的工作很容易被我们吸收,值得我们借鉴。

食物是物种之间的中介

刊于《绿叶》2014年第7期

《绿叶》杂志编者按：纪录片《舌尖上的中国》的热播，引发了人们对于饮食文化空前热烈的关注与讨论。田松和刘华杰两位学者，从生态与文化的多样性视角，以对话的方式，对于食物的属性、人和食物与环境的关系等"常识问题"进行了不一样的解读与探析，为我们理解食物、理解自然、理解生态与文化等命题，提供了有启发意义的、有趣味的思考。

田松（2014.05.09，波士顿）：华杰，应你推荐，我在优酷上追了《舌尖上的中国》第二季，热得有理由。其实，《舌尖上的中国》第一季放映的时候，我不记得在忙什么，并没有即时追看，事后也只是零零星星地看了几集。片子浓郁的中国味道，挥之不去。把饮食拍成了文化，其实并不让我意外。因为饮食从来都是文化的一部分。何况中国人历来讲究"民以食为天""食色，性也"，饮食在中国文化中更是重要的部分。相反，那种剥离了文化，把饮食变成营养素的搭配，才是让我厌恶的。

我的研究领域一直很杂，跟着感觉走。我的很多学术工作，其实是出自我自己的生存困惑。我自2005年成为素食者之后，迅速关注起饮食问题。从牛奶研究到营养学批判，很快与我的工业文明批判关联起来。我非常吃惊地意识到，食物问题竟然是文明的核心问题之一。

食物像一个结，关联着方方面面，食物既是 nature，又是 culture；关系着农业，也关系着工业；关联着传统，也关联着现代。饮食方式的转变，既是生活方式转变的结果，也是生活方式整体转变的一部分。同时，关于饮食的解释，也在发生着变化。传统话语被替换成现代话语。食物其实是很好的案例研究的对象。关于食物问题，我这几年也颇有心得，很想和你交流一下。毫无疑问，食物问题与你关注的博物学也密切相关。

刘华杰（2014.05.10，北京）：我这个人对吃不讲究，所以长期并没有想食物与自己的学术领域有什么关系。受到你的牛奶批判以及营养学批判的影响，我才注意这些事，再后来有GMO（转基因生物）之争，我便将吃与科学史、科学哲学、文明批判之类联系起来。

民以食为天，同样可说"所有物种以食为天"。人以外，许多动物一天大部分时间在吃。生产力水平提高了，人用于填饱肚子的时间少了，用于做其他事情的时间多了。通常这算好事，可认为是进步。不过事情没这么简单，穷人吃得不好，容易生病；但富人吃得"太好"，也容易生病。前几天我看过一则报道：美国各族群儿童和青少年的Ⅰ型和Ⅱ型糖尿病患病率显著上升。

你说得没错，我关注《舌尖上的中国》电视系列片，角度与博物学有关。我个人以为片子讲述了大量地方性知识，从吃这个方面充分展示了中华博物文化的丰富性和价值。片子受到各阶层百姓的普遍好评，这也间接证明，博物学是有生命力的，提倡恢复博物学正当其时。

田松（2014.05.10，波士顿）：今天上午吃饭的时候，又看了一集《家常》（《舌尖上的中国》第二季第四集）。我常常感慨，在娱乐节目中看到民生。在这期节目中，我也看到了民生。编导努力把饮食与家常生活关联起来，呈现不同地域的饮食多样性与文化多样性的关联。但是，同时，在片中还可以看到另一种现象，解说词中经常使用现代营养学的术语，去对传统的行为进行解释。于是我经常可以看到一种拧巴的现象。在充满地域性的饮食传统的描述中，时不时地出现了蛋白质如何、酸性物质如何如何之类的"超越性"话语。不知道你是否注意到这个问题，有何解释？

刘华杰（2014.05.11，北京）：不大可能一步到位。编导、解说词作者已经努力了，他们不可能像你一样那么敏感、那么彻底。

有趣的是，我今天早晨顶着小雨开车到郊外，路上想起多年前自己犯的一个错误：那时经常见商家在广告中宣传"本产品不含任何化学物质"。我当时很气愤，还给报社、杂志社写过信，反映这种违反科学常识的广告词。我当时深受科学主义毒害，依据自己学到的一点点化学知识，在观念上想当然地认为任何物质都是化学物质，不含任何化学物质的东西当然就是非物质。现在看，觉得那时很幼稚。不是说同情那类广告，而是要反省自己。准确讲，"化学物质"是人工物质，通常是依据近现代科学而生产出的化工产品。化学物质要与天然物质区分开来，这样一来，物质就不等同于化学物质了！即使化学分子式相同的物质（比如人造水和天然水），也要区分，不能用"实质等同"来蒙混。对于食物，要特别强调不能用"实质等同"原则以次充好（从化学检测上看二锅头与五粮液或许实质等同，但压根儿不是一种东西，前者我喝了头痛，后者就没事。酿造酒与酒精加水调制的东西更不可能是一回事）。

概念是思想之网上的纽结。网变了，纽结可能还没有全变过来。《舌尖上的中国》已经表现出观念的变化，但不彻底，比如在《家常》这集中提到广东人煲汤时用温火长时间处理食物，根本不理会西方科学所谓的任何食品加工中都会有营养损失的结论。整个系列片，也没有突出营养，而是尽力展示食材获得的艰辛和加工的精致、食物烹制的特殊性等等。与营养相比，更强调气味、美感等。

你在美国一年，对那里的食物有何看法？通常自己做还是外出吃？电视中是否也有类似的片子？

田松（2014.05.11，波士顿）：其实，我在美国这两个学期，几乎不看电视。跟美国人讨论营养学问题，我忽然觉得他们很可怜。因为他们貌似除了机械自然观的营养学话语，没有别的了。虽然我们的头脑也被这种话语方式灌满了，但是毕竟我们还曾经有传统，并且这些传统在一定程度上还有遗存。我其实也是凭借着对这一点点遗存的了解和理解，挑战现代营养学的。

现代营养学首先把食物还原成营养素的集合，同时把人还原成具有各种生物功能的生物机器，并且相信能够在营养素与生物功能之间找到一一对应关系，比如维生素 B 少了会怎么样，反式脂肪酸多了会怎么样。进而，相信能够根据实验室里的数据，找到一个完美配方，于是可以构建一个完美食品。于是有了工业化食品。这种营养学是超越地域、民族、文化的，与西方所有数理科学一样。根据这种营养学，食物之间的质的差异消失了，无论黄瓜、萝卜，还是土豆、辣椒，都是由蛋白质、维生素等六大营养素构成的，它们的差异只是各营养素的百分比的不同。进而，天然食品与工业化食品的差异、天然食品与转基因食品的差异，都只是量的差异。至于地域差异，更加没有意义。在这种营养学看来，川红花和藏红花必然是实质等同的。

至于对《舌尖上的中国》这部片子，我的看法可能跟你不一样。我是觉得，主创人员虽然也致力于把食物放到具体的语境之中，放到生态多样性与文化多样性之中去讨论，寻找食物的源头，但是，这可能更多地来自编导队伍的人文素养，以及对纪录片这种节目本身的叙事风格的追求。长期从事纪录片的摄制，会训练出拍摄者特殊的视角，对语境的关注，对历史的关注。而这种视角与你强调的博物情怀，其实是有共通之处的。所以，我想，编导群体未必有意识地考虑了我们说的问题。恰恰相反，我认为，主创人员是有意识地、主动地，甚至是刻意地引入了现代营养学的话语方式。下一集你关注一下解说词，看是否与我有同样的感受。

刘华杰（2014.05.11，北京）：西方主流营养学与近代西方科学的方法论是一致的。自然科学的四大传统（博物、数理、控制实验、数值模拟）中依目前强势的后三者，"机械自然观的营养学话语"几乎是显然的。好在，西方社会现在也强调多元文化，非主流思想遍地都是，非西方的传统、观念也开始得到越来越多人的欣赏。不过，可以肯定的是，它们不是主流。我不妨做一预测，几十年后，西方的营养观念会更加非西方化，因为目前的西方饮食习惯会导致很多麻烦。

《舌尖上的中国》在大量讲饮食、厨艺的节目中是少见的，或者说绝无仅有的。仅从编导队伍的人文关怀、叙事风格的追求来讲，是很不充分的。其他团队也不是吃干饭的，他们也很讲究，但就是没有烹制出《舌尖上的中国》这样的作品来。我猜想，编导们对西方科学方法论、营养学观念有所怀疑，但可能没有上升到自觉的程度。这个还需要确证。

田松（2014.05.18，波士顿）：又看了一集《相逢》，讲述了不同地域的食材在餐桌上相逢，也讲述了不同地域的人在遥远的他乡相逢。食物的故事与人的故事结合起来，节目就更好看了。

《舌尖上的中国》值得赞叹的是，充分地呈现了食物的地方性，一支支摄影队深入中国的各个角落，去寻找一种种食材的出处，沿着食物的路线，从餐桌追溯到食物生长的草原、丛林、海底，同时，呈现了人的活动、人的劳动如何使这些食材脱离了原来的地域，走向全中国的餐桌。在全球化的今天，走向的是全世界的餐桌。《相逢》中有一道菜，"烩南北"，名字就颇有意味。来自内蒙古草原的口蘑，与来自江南的笋干，它们在自然状态下完全不可能生长在一起，却在厨房里相会了。

不过，在传统社会中，这样的菜肴必定是罕见的，因而也是昂贵的。我相信传统社会中绝大多数食物都是地域性的，所谓"一方水土养一方人"，或者"靠山吃山、靠水吃水"，唯一有可能超越地域的，大概是某些调料。在我童年的记忆中，类似于八角、胡椒这样的调料，都是很珍贵的，只有在特殊的时候，过年过节，有贵客登门，才可能用上一点。而且，在我的记忆中，八角不能用过就扔，是要反复使用的。因为这些调料并不是东北的土产。

除了地域性之外，还是当季。现代生态农业倡导者所强调的"吃在本地，吃在当季"，其实是传统生活的常态。《植物的欲望》（上海人民出版社 2004 年版）的作者迈克尔·波伦（Michael Pollan）写了很多关于食物的文章，他有一句话对我特别有启发。他说"食物是人与环境之间的中介"。他说，人是以吃的方式，使自己的身体与环境建立起直接的关联。人的身体，就是由周围的环境构成的。我去年还看了邦恩（James Bunn）的一篇文章"The Physical Reality of Water Shapes"（*Impasses of the Post-Global: Theory in the Era of Climate Change*, V.2, edited by Henry Sussman），其中说道，我们身体中有百分之七十是水，构成我们的身体的水，就是我们喝进去的水。你喝的是松花江的水，构成你身体的水就是松花江的水。

从这个意义上说，古语的"一方水土养一方人"，不仅是文化性的，而且是物质性的、身体性的。说"一方水土造一方人"，也不为过。

不过，似乎到目前为止，《舌尖上的中国》还没有对这方面的关联有所讨论。相反，我还是注意到，编导对地域性的坚持并不彻底，我前面所说的现代性的脱域性却时时出现，如同米饭中的沙子。比如关于内蒙古口蘑那段，说从草的颜色能看出哪儿有蘑菇圈，因为口蘑分泌出某种特殊的物质，使得草的叶绿素增多。这个解释其实没有什么信息量，只是使节目显得很科学，或很玄虚。相反，关于蘑菇圈与草色的地方性知识，被忽略了。

刘华杰（2014.05.19，北京）：我对《相逢》这一集中的"烩南北"也有兴趣。草原上的口蘑在内蒙古、东北、青海都有，味道确实不错。最重要的是它们是本地普通产品，是大自然每年的如约"配送"。它们的确普通，没有影片中渲染得那么玄乎。可能最近一些年，由于多种原因，白色的口蘑等产出较少，远处需求的拉动又太大，造成了一种紧缺的现象。但愿这不是长久的。

《相逢》中也点出了症结：商人高价收购。这表明远处的旺盛需求是福音也是祸害。蘑菇如此，人参如此，虫草也如此。

现代性提供的交通便利，使得古老的运输业、贸易、人际交往、物种交往发生质变。饮食在这样一种巨大变化中有传承也有创新，但首先是传承，没有扎实的传承，创新的基础就虚弱，就生长不出像样的花草——菜品。"烩南北"一道菜的历史不会太久，它的成功与功名，首先得益于早先南北两地对蘑菇和竹笋均有相当的"钻研"，相逢碰撞出明亮的火花是小概率事件，可以设想许多组合是不成功而被淘汰了。从自然选择的角度看，被淘汰的自然后来没剩下，故事记载下来的更少了。这集影片中有相当篇幅讲台湾的饮食，台湾的确保留了许多大陆带过去的各种菜系风格，同时在半个多世纪的自然与人为隔离的演化中又有所创新。这与生物的岛屿演化是一个道理。台湾的创新是有所本的，没有中断与中原的血脉。

饮食的地方性与非地方性是一对矛盾，既令人振奋也令人纠结。一方面食客想品尝地方性，另一方面食客又想超越地方性。作为一种文化的传承主体，饮食业先要重视传承，摸清家底，创新一定要慎重。快速创新，就是对传统的背叛，就等于消灭了地方性"资产"。我不愿意用"资产"两字，但这可能是读者最容易懂的概念。

我非常同意你说的"关于蘑菇圈与草色的地方性知识被忽略了"的判断。什么样的具体环境出产什么东西，这涉及丰富的博物学知识，不是祭出"科学"两字就能唬住人的。基于多年或世代相传经验的地方性知识,有些能够转化为科学说明,有些目前根本做不到,还有一部分可能在检验后而被否定。一些受过科学教育的人以为,能够构造出科学说明的,便是好的、真正的知识,否则就要遗弃。单纯这样讲,也不必反驳。问题是,如何先验地划界,如何在没有调查研究的情况下对待丰富的地方性知识。每一地方的百姓,都有自己的一套行之有效的辨别、加工地方性食材的方法,通常不会认错,不会误食有毒的东西。恰好是城乡接合的过程中,有些人半懂不懂,地方性知识不过硬,而误采误食,中毒身亡。

田松(2014.05.21,波士顿):从长时段的历史看,一个传统能够传下来,必定是掌握了足够的生存智慧。什么能吃,什么不能吃,在某种意义上说,这是动物本能。动物不会轻易地吃陌生的东西,人也不会。西红柿在中国有漫长的时间是作为观赏植物的,直到很晚才成为食物。一种植物是否成为食物,不仅取决于这种植物是否从物质的意义上能够被人体吸收,更取决于它是否在文化的意义上被接受为食物。如你所说,传统社会具有行之有效的传统知识,已经把作为植物的食物纳入其文化之中了。你所说的城乡接合的过程,在我看来,是传统知识被现代知识所取代的过程。人们失去了传统,也失去了禁忌,甚至失去了恐惧——反正所有的植物都可能还原为各种营养素的集合,所以会半懂不懂地食物中毒。

前面说,迈克尔·波伦的命题"食物是人与环境之间的中介"对我启发很大,今年春天,我把这个命题又向前推进一步:"食物是人与其他物种的中介。"

人类的大部分食物都是植物或者动物,是生命。只有很少的一部分人类必需的食品，如食盐，是非生命的矿物。所以人与食物的关系，其实是人与其他物种之间的关系。

最近我常常说生态学。我觉得生态学是可以作为一种方法论的，作为一种世界观的。很多我们习以为常的事儿，从生态学的视角看过去，就会呈现新的面貌。从生态学的立场去看饮食问题，也是这样。生态学强调物种之间复杂的相互作用关系，并强调生态意义上的平衡。所以，一种植物或者动物成为人的食物，就与人建立了物种意义上的关联。原来不是食物的植物成为人的食物，就意味着在原来的生态系统中，出现了一个新的变量。这个变可能是质变，比如中国本来没有玉米，在引进玉米，并且大量种植之后，这片土地与周边荒野之间的生态关系会发生改变。玉米不仅仅是玉米，还是以玉米为核心的微生物、菌落等各种物种构成的小生态。也可能只是量的变化，比如原来不是食物的某种植物被接受为食物，但是量变也会逐渐转化为质变。比如发菜在被大量挖掘之后，整个地区的环境遭到彻底的破坏。而延续下来的传统文化，应该有能力解决这些个问题，使得人的饮食活动及饮食变化，不致对周围生态产生破坏性的影响。

人作为一种物种，在饮食结构发生变化之后，人的身体也会产生生态学意义上的变化。

以前我们在讨论中说过，博物学和人类学之间，存在着观念上方法上的共性。能否把生态学也引入进来，加以比较呢？

刘华杰（2014.05.22，香格里拉）：你提到"人们失去了传统，也失去了禁忌，甚至失去了恐惧"，令我想起最近在读的一本相当不错的书《看不见的森林》（商务印书馆2014年版），其中提到动物存在恐惧感是一种生存智慧。因为对未知、不确定性持慎重态度,有利于保命。当今世界,对于吃,人们似乎不大讲禁忌,对于乱吃的后果除了因为发胖而惹来一身麻烦外,没觉得有什么大不了的。

5月20日上课时讨论如何对待转基因食品。我特意提到,对于蕨菜,科学家不止一次得出结论说有毒,但许多人跟我一样照吃不误。吸烟有害健康,也是科学结论,但世界上仍然有许多烟民照吸不误。那么为什么对于转基因食品却要格外慎重?理由有许多,其中一条是,它未经受时间的考验。蕨菜和烟草是经历过检验的,结果是有点问题,但问题不大。公众知情,愿意吃、愿意吸是个人的事。而转基因食品其风险恰恰不清楚,更没有经过足够的长时间的检验。对转基因食品保持警惕、持恐惧态度,也是一种生存智慧。可以让倡导转基因食品的人物先吃上几十年上百年,其他人看看结果再说。

这样的一种考虑,与你说的生态学是一致的。生态学的观点与演化论的观点是一致的,都要考虑适应问题。快速变化,就会引起不适应,生态危机就是一种不适应的表现。在引进新食物、改变环境等问题上,坚持适应性要求是最低要求。玉米、番茄、辣椒、番薯对于中国的汉族人,都是外来东西,都不是一下子就被接受的,但相当长时间后确实成功地融合进本土食物当中。对我来说,牛奶的问题是推广得太快,转基因食品简直是强行推广了!

许多事情都在变,变化是绝对的,不变是相对的,但并非变化就好。变得太剧烈,就是找死,因为不适应。

田松(2014.05.22,波士顿):从生态学的角度看,人选择了食品,食品也选择了人。我相信,在玉米、辣椒等外来植物引入中国之后,与中国人之间是有过一段磨合期的。比如在玉米大量种植，成为主粮之后，那些吸收玉米比较顺畅的人，会有更多可能留下自己的后代；反过来，那些吸收玉米不够好的人群，甚至有不良反应的人群，在找不到其他主粮替代的情况下，生存的机会就会相对弱小，留下后代的可能性就小。这样，几代人下来，剩下的人群，就是那些与玉米能够和谐相处的人了。玉米以这种方式，选择了吃它的人。

其他作物也会有类似的生态过程。

刘华杰（2014.05.23，香格里拉）：波伦的《植物的欲望》表达了这样的想法。不过，按这个推理，喝牛奶在中国最近十几年被大力提倡，若干年后新的中国人将逐渐适应牛奶。将来有一天，吸收牛奶好的群体剩下了，其他的走人了。你反对喝牛奶，还有必要吗？中国人和工业化奶牛这样的物种将来会是怎样的关系呢？这样的进程是否可改变，是否允许多样性？

田松（2014.05.23，波士顿）：这个问题提得好。考虑到这一步，还是需要引入人类学，人类学加上生态学，生态人类学。理论上，你说的这种可能性是存在的，我们姑且假设结果就是这样的，适应牛奶的剩下了，其他的被淘汰了。但是，第一，我们看过程。在这个生态适应的过程中，剩下的个体是暂时的受益者，可以接受这个结果，但是，同时，被淘汰的个体则是受害者，他们不会高兴看到这个结果。而之所以发生这个过程，并不是有不可抗的外力，而是资本的驱使，所以这个过程的启动，就是不道德的。第二，我们看结果，这个结果会是一个生态平衡的状态吗？显然不是，因为相对的、暂时的、稳定的奶源，并不是地域性以及全局性生态系统自身稳定循环中富余出来的，而是工业化养殖场里生产出来的。所以这个结果，对于牛奶产地的生态系统是破坏性的。玉米取代原来的农作物，可以建立起一个新的和谐的生态系统。而牛奶注定是不可能的。进而，那些已经适应牛奶的人群，也未必是受益者。

另外，我还有一个疑问是，这个生态适应的过程究竟需要多长，你也强调不能突变。多少年算是突变，多少年算是渐变呢？

刘华杰（2014.05.24，香格里拉）：演化、适应的讨论必须与尺度关联起来。进化不同于进步。在"演化整体上无方向性"的演化论背景下，许多具体事情的讨论仍然非常麻烦。关键是物种无法提前预测什么是坏的、什么是好的。当下适应的，当外部条件变化时，可能变得不适应；而原来不太适应的，反而有可能变得适应。那么凭什么判断适应性呢？

"生态平衡"也涉及尺度，多大尺度的平衡呢？考虑"平衡"，就必然借用某种价值判断，涉及应当不应当的问题。穆勒（John Stuart Mill）讨论"自然"概念时的悖论依然存在。具体生活中的具体人如何做事或者判断才是自然的、符合生态平衡原则的呢？

事情似乎又绕了回来，变成：我们喜欢过什么样的生活！由此提供价值判断，由此决定我们考虑问题的尺度，即适应或平衡的范围。而当下的致命问题是：（1）现代性导致单一性；（2）考虑的尺度过小。

田松（2014.05.24，波士顿）：中甸我去过两次，我还是习惯于把这个地方叫中甸，而不是什么香格里拉。第一次去的时候是2000年，还没有大规模旅游，小城很安静。第二次是2008年，我们一起去的，已经非常热闹了。所谓的生态旅游，其实只是个好听的招牌。正如你最后绕回来的问题，什么样的生活是好的生活。处于现代化冲击下的传统地区已经丧失了基于自己的文化、基于自己的传统回答这个问题的底气。人们实际上活得很茫然，不知道该怎么活，于是就只是为了赚钱而活了。

刘华杰（2014.05.26，云南白水台）：我非常欣赏你的发问"什么样的生活是好的"，每个人都应当思考。

今天在白水台吃到了碎米荠，当地的一种普通野菜，感觉很好。饭馆的老板推荐了"普世"的几种蔬菜，我瞧了瞧店里准备的本地品种，点了这种。

田松（2014.05.26，波士顿）：白水台我是在2000年去的，这是纳西族东巴文化的重镇，传统文化非常丰厚的地方，但是在20世纪80年代之后的现代化大潮面前，同样是脆弱的。我们说过两个多样性的问题，当文化多样性丧失之后，生态多样性也会随之丧失。你现在还能吃到的野菜，也许再过几年就吃不到了。也许再吃到的，已经不是野菜了。

对于人类的身体与食物的关系，对于食物与环境的关系，对于人与环境的关系，我宁愿相信具有悠久历史的、原始的、传统的、地方性的、神话意味的解释，而不相信数理科学的机械论、决定论、还原论的解释。所以我对当下的时尚的营养学，各种营养素之类的解释，持一种总体否定的态度。转基因、工业化食品，都是这种机械自然观的产物，也都在我的否定之列。

但是我觉得，生态学可能作为两者之间的过渡。如果不能一下子转过弯来，从数理科学直接转向传统，至少可以先转向生态学。

刘华杰（2014.05.27，香格里拉）：今日受邀乘越野车到五境乡泽通村藏家做客，第一次吃到迪庆家常美味的琵琶肉，口感相当不错；在那里还看到德钦荛花、革叶荛花、西藏越橘、松柏钝果寄生等。有吃的，有看的，还求什么呢？主人介绍，他们一家的主要收入来源是采集并出售松茸，一年两万元左右，另外出售一点芸豆，算不上富有。泽通村山高坡陡，交通极为不便，到沟门就要走20公里的土路，而出了沟门仍然是深深的金沙江河谷。但是，这里风景秀丽、清泉甘美，百姓住房宽敞、生活幸福。如果说《舌尖上的中国》颇有意义，恐怕就在于它没把"吃"孤立起来，如通常的电视明星做菜一般，而是把它放回日常生活当中，多角度展现各地百姓多样性生活孕育的饮食文化。这种饮食文化是具体的，既刺激人的味蕾也调动人的思绪。

哲学的技术化：升华还是死路？

刊于《绿叶》2014年第7期

刘华杰（2017.04.11）：前几日我在北京林业大学有一讲座，互动环节有学生让我介绍一下即将于中国召开的世界哲学大会。我说："有这回事，但我不了解细节，大家不要对主流学院派哲学抱太大希望。""为什么？""说来话长，主要是因为主流哲学工作者好似活在外太空上，他们不大关注大地上的事情。"哲学曾以宏观反思、批判为主要特征，分析哲学运动之后，它借用逻辑符号、语言分析等工具日益专业化、科学化，但这种趋势不能走过头，否则将埋葬自己。即使再前进一步或几步，此类哲学仍然只是在冒充科学，既无法赢得科学界的尊重，也将丧失原有的阵地，将话语权拱手让与政治学、经济学、社会学、自然科学等。

田松（2017.04.12）：和你一样，我的本科专业也是自然科学。我虽然拿了一个哲学博士，也只是在科学哲学的领域读了一点书，与科班出身的哲学蓝血无法相比。你入行早，硕士就入了哲学一门。不过虽然改了宗，恐怕也没有彻底归化。实际上，我与哲学亲密接触，应该从到北大哲学系做博士后算起。那时我才忽然发现，我对哲学的理解，与科班里的哲学，几乎不是一个东西。当哲学成为学术，当学术与思想分离，哲学就跟数论一样，成了某种特别的行当，高居象牙塔的尖儿上，与现实世界可以不相关联。

我受过的最系统的教育反倒是物理学的，物理学如同我的母语，是我看世界的基础，也是我反思世界、反思自我的起点。物理学的好处是，理论无论多么抽象，总是可以落实到具体的现实世界中去。理论的功能就是解释世界，反过来，如果对世界产生了困惑，就会本能地寻找理论、建构理论，去解决困惑。这个理论不必要来自既有文本，甚至也可以与既有（哲学）文本没有直接关联。在六经注我和我注六经之间，我选择前者。

我们总是面临三重世界：文本、社会现实、个人的生命体验。在这三者的排序，我是反过来的。个人的生命体验放在第一位，文本最末。

在这个意义上，我宁愿用最简单的方式理解哲学：哲学就是对生活的反思。

刘华杰（2017.04.19）：哲学是爱智慧的过程（进行时的动宾结构），不是智慧本身。在当下，哲学对生活的反思，最重要也最难处理的是，对科技生活的反思。反思现代性，不批判科技，是不可能深入的。现在，人类个体和社会被五花八门的科技裹胁着，问题颇多，人类的前景暗淡。对科技时尚的反思，某种程度上是非政治正确的。但从更大尺度上看，反而是政治正确的。

昨天下午 3 时，我们都出席了中国人民大学哲学学院一场讲座：肖显静主讲他发明的"第三种科学"。以前我也提出过"第二种科学"。昨天大家都体会了很有启发性但又让人觉得漏洞很多的"新科学"。我当时的简评是，肖教授所做的有自己独立思考的哲学工作（发表于《中国人民大学学报》2017 年第 1 期）非常重要，虽然有诸多不完善的地方，但依然值得鼓励，此工作比按部就班的"严格论文"有趣得多、有价值得多。那么，具体讲价值何在呢？价值包括"破"和"立"两方面。"破"做得好些，"立"做得弱些。肖教授的工作首先表现为对现实科技的极度不满和严厉批评，这是我赞同的。倒是希望肖教授面对科学家群体讲一讲，看看有何反响！就像你在"科学网"就转基因问题与一群科学界网友交锋那样。我在看热闹的过程中，进一步确认了对中国科学家的看法。

田松（2017.04.28）：如果哲学是对生活的反思，那么科学哲学就应该是对于当下以科学及其技术为核心的现代生活的全面反思。如果到了今天，科学哲学的从业者还在简单地歌颂科学，我觉得是很不专业的表现。我对肖显静教授的工作提出了一些批评，那时我认为，他对现实科学的批判还不够彻底。当然，我同意你的基本判断。肖显静教授的工作方向与我们是一致的。并且，他的工作也是基于社会现实，而不是基于文本的。他看到了现实世界的问题，并试图厘清问题的原因，从而提出解决方案。只不过，我不认同他所分析的原因，因而也不认同他提出的解决方案。

我进入哲学一门有很多偶然，其中也包括了对哲学的误读。作为一个受过多年物理学训练的人，我本能地希望能够对于我所面对的世界与我所生活的社会给出一个简明、简洁、完整的解释。

我曾以为这是哲学的任务。但是，入门之后我才发现，这个任务一点儿都不学术。如你所说，哲学已经高度专业化、技术化了。按照现行教育体制，哲学下面有八个二级学科，每一个学科下面，又有细致的专业方向。每个专业方向都不把整体生活的建构、阐释和反思作为自己的任务，每个专业方向都可以完全脱离社会现实。我当然毫不怀疑，每个专业方向的专业人士都可以凭借与现实无关的学术研究成为出色的学者，但是，如果所有方向的专业人士都在从事在各种领域极为重要但与现实无关的专业研究，那么，就会出现这样的情景：这个领域没有人在思考人类整体的问题，也没有人有能力对当下的生活提供一个完整的解释。这样的情景让我深感荒谬。

刘华杰（2017.05.09）：我们都不否认哲学工作应当使用更为精确的语言和逻辑，但同时认为不能因此而喧宾夺主，遗忘对大尺度问题的关注，遗忘利用价值分析讨论知性科学层面未能充分讨论的问题。按照蒯因自然主义的路线，哲学与自然科学是相通的，并没有截然的界限，但讨论问题的层面、尺度是有区分的。放弃自己的任务不做，而挤入人家的领地，表面上是追求学术，实际上是逃避使命，背叛哲学。那么，宏观层面有哪些大问题特别需要哲学工作者来回答呢？举几个例子，哲学家无法回避的问题有：

（1）什么样的生活是好的？人类个体和群体如何持续获得幸福？一个人如何安排自己的一生，要用多少精力来学习，以及要学习些什么？更具体点，多少时间用于嬉戏玩乐，多少时间用于课堂学习，多少时间用于社交，多少时间躺在病床上？长寿在多大程度上是合天理的？合适的生活节奏如何判定？

（2）什么是美？审美对于人生、教化的意义是什么？

（3）怎样的制度设计能够保障系统的长远利益得到充分考虑？

（4）在地球上，人类社会什么样的发展速度是合适的，不至于导致天人系统的不适应？当下显然的局面是，人这个物种发展过速，而且还在加速，在演化论的意义上引起了一系列的不适应性。

（5）人这个物种与其他生命和无机界应当是怎样的关系？人类中心论与非人类中心论在何种程度上是合理的？

（6）生存斗争与共生在哲学层面如何达成妥协？马古利斯的连续内共生理论（SET）具有怎样的一般性意义？

（7）随着技术的发展，用于改造人的"人体增强"技术的限度是什么？人工智能、基因技术等对人这个物种自然演化的干预将置人及生态系统于何地？科技伦理、生命伦理的讨论如何实质性介入高科技的立项、研发和应用全过程？

（8）在"生活世界"中，知识、技术、文化、信仰如何更好地服务于普通人？特别是，哲学家如何在理论层面和操作层面同时考虑自然律、因果律、民主、正义、公平、可持续生存？

（9）文明意味着什么？工业文明的代价是什么？人类文明经历了哪些形式，将走向何方？如何建构生态文明？

（10）谁在推动现代科技创新？不断创新的隐患何在？科学预测与技术变革对未来世界的塑造给普通人增加了哪些风险？普通人如何感知并控制相关的风险？在讨论具体问题时哲学家如何与科学家对话？如何取得彼此信任？在明显存在风险的情况下，主张加速与主张减速的两极如何进行谈判？

上述所有问题其他人员也可以参与，但哲学家的角色不可缺少。

哲学工作者对上述问题，可以展开各种形式的讨论，也可以结合具体问题进行专题讨论。

田松（2017.5.12）：今天是汶川大地震的九周年忌日，微信微博上有各种纪念文章。这些现实中的苦难和苦难的现实，应该是哲学思考的对象。哲学家至少应该有能力对这些现象提出解释，如果没有能力改变什么的话。

你提出的 10 个问题都是一些根本性的问题，关乎个人的幸福与人类的未来，关乎什么样的生活是好的生活。这些问题，应该是所有人文学者关心的问题。其中有一些与现实关联紧密，可能会随着时间推移而失去意义；也有一些是永恒的问题，无论什么时代，都会被追问。当然，这个列表还可以延续下去。每个关注终极问题的学者，也会给出各自的列表。然而，我相信，这些列表放在一起，会有很多交集。我相信，最大的交集在于：**幸福如何可能？或者，何为幸福？或者，何为生活的意义？或者，什么生活是好的生活**？

我曾经提出，一切实践性的理论都建立在两个前提之上，一个是对于当下的判断，一个是对于未来的预期。理论，就是尽可能地使社会从不大完美的当下，进入到更好的未来。我现在想，最后一句也可以反过来说，怎样使社会避免或者延缓进入那个糟糕的未来。而所谓实践性的理论，也可以包括哲学。这取决于怎么理解哲学。

对于当下的判断包括：

（1）人们看到的世界是怎么样的？

（2）人们对这个世界是怎么想的？

（3）人们对这个世界是怎么做的？

（4）这样做会有什么结果？

……………

对于未来的预期，也与此类似吧。

在你的列表中，有些问题看起来是我们的专业问题，但又不完全是我们自己的专业问题，也是需要其他人文学者关注的。

关于现在的世界是怎么样的，实际上，每个人、每个学者都有一个关于这个问题的基本看法，而他的学术和思想，就是建立在这个看法之上的。比如康德，他对于"世界是什么样的"的基本理解，是牛顿物理学和欧式几何。而利奥波德，他对于"世界是怎么样的"的基本理解，则是生态学。因而我常常说，科学哲学应该是一门元理论，因为它的研究对象，是当下对于"世界是怎么样的"这个问题最具有话语权的"科学"及其"技术"。

人文学术如果失去了对于世界整体是什么样子的反思，就只能会且一定会接受一个给定的、流行的、默认的关于"世界是怎么样的"的答案。

刘华杰（2017.05.22）：按自然主义的思路，哲学与自然科学不可截然划界，但两者考虑问题的尺度、层面确实有区别。科学的前沿也几乎都是哲学问题，因为不确定性、猜测性的东西较多。就考虑问题的尺度而言，显然哲学的尺度要大些。一种公平的看法是，都有自己的长处，对于社会都是需要的。当哲学过分谦卑学习科学并冒充科学之时，哲学就失去了自身的价值。现代性的主流话语体系由自然科学、资本和政治强权共同界定，它们彼此支持，此时哲学的一个重要使命便是反思这种强强组合。

科学哲学的第一阶段是逻辑实证主义或者逻辑经验主义，任务是论证科学的合理性。科学哲学的第二阶段则不同，一方面自然科学已经足够强大，不再需要溜须拍马，另一方面科技一枝独秀引发的问题需要哲学批判地介入。而偏偏中国社会处于多种过渡期，中国的科学哲学不得不同时忙乎两件事：既要赞美科学，也要批判科学。前者容易为主流话语所认可，而后者则被视为反理性、反科学。

按你提到的层次论，科学技术本身是哲学工作者研究的对象之一，对这样的对象，哲学工作者可以支持也可以不支持，要依具体情况论定。这是显而易见的逻辑。但常识和科学界不接受这样的逻辑。这也是两种文化冲突的一个原因。在过去的四十年里，爱丁堡学派的科学知识社会学（SSK），也试图把科学技术当作研究的对象看待。单就这一点，还不会有什么危险（因为传统默顿学派科学社会学也把科学当对象来研究），真正的危险来自SSK强纲领所声称的方法论！其方法论要求认真学习并贯彻自然科学的精神：不从目的论出发，不先入为主地下断语，而要调查研究一番之后再下结论。表面上看，这一切都很好，但是因它所处理的对象非一般对象，而是经常以真理、理性、正确自居的自然科学，事情就变得诡异了。科学主义的信仰要求人们在任何时候都要相信科学，在研究之初，就要预设科学是好的、正确的。而SSK偏偏不做此预设，SSK非要做一番经验研究，看个究竟再下结论。这岂不是没事找事？所以，在我看来，SSK强纲领的"原罪"就在于它把科学本身当作探究的对象了，这岂不犯忌？原来都是科学探究别人，此时竟然有人来探究科学。这世界上，没有什么东西禁得起探究！这是其一，还不是最关键的。关键是接下来，没什么禁得起科学的探究。如果说以科学为对象就犯了一次错误，那么采取因果性的自然科学的方法来探究，便是错上加错！身居高位的事物都不希望被探究、被监督。

田松（2017.06.02）：科学本身可不可以被研究？我们都公认，对于这个问题的思考是江晓原教授跨过中线、由科学主义者变成反科学主义者的标志性事件。所谓仆人眼里无英雄。在历史上，这样的事情发生过很多次。比如在人人相信上帝存在的时候，上帝存在是一个默认的毋庸置疑的前提。而一旦试图证明上帝存在，就意味着，人们已经把"证明"看得比上帝更加重要了。上帝由自明的，变成需要证明的。而当人们相信"理性"是证明的手段和标准，就已经把"理性"置于上帝之上了。即使"证明"了上帝存在，上帝也不是上帝了。

人们对科学的信仰也是这样的。科学哲学早期本意是要"证明"科学的合理性，"证明"科学是真理，是被证实了的知识，其结果是波普尔的证伪说。科学从高高在上的绝对的知识，退化成有待证伪的假说。SSK更加猖狂，把科学应对自然的手段用来应对本科学自身，可谓以彼之道，还诸彼身。其结论也更加脱离人们的缺省配置。

缺省配置是难以改变的。刚刚读了一篇文章，作者把人们对纯天然物品的崇尚称为"纯天然崇拜"，并认为这是"反科学"思潮的隐性表现。在作者看来，反科学是一件大逆不道的事儿。

刚刚在微信上又读了邓晓芒教授的文章《一个"似是而非"的国家，需要康德》，我并不是康德的"粉丝"，不过邓晓芒教授说到了一个点，我深有同感，就是关于逻辑的一致性和概念的一惯性，这也与我们讨论的话题有关。

哲学到了20世纪，与所有学科一样，高度分化，同时也高度专业化。专业化不仅指研究的内容，也包括研究的方法。邓晓芒在文章中强调，康德的著作是一个整体，同一个概念前后一致。他也批评了学者中常见的一种现象，一个概念的使用不断漂移，不断增加附加条件，使得讨论无法深入。我们也经常会遇到这种情况，在与人辩论的时候，在给学生改文章的时候。我想这个现象是比较普遍的。概念一致，逻辑一贯，这不仅是对哲学的要求，也应该是对所有人文学术的基本要求。而很多学者和学术做不到这一点，或者没有意识到这一点，在我看来，是专业化训练不够的表现。

所以，就我们讨论的哲学的专业化而言，我觉得要从两个方面看：其一，从思考的对象上，需要有人摆脱专业的藩篱，突破专业的界限，思考人类的总体性问题、终极性问题；其二，从思考和写作的方式上，需要具备基本的专业化能力，否则就会沦为民科的辩论，看起来很热闹，却永远不能深入。

刘华杰（2017.06.22）：同意你说的"两个方面"。其实，这两个方面之间也存在矛盾。哲学研究当然要展现足够的技术和专业特征，反对这些便有可能与"民哲"为伍。或许，在提倡关注轰轰烈烈的现实社会问题的背景下，坚持批判性与清晰性，可以避免不够专业和过分专业的毛病。其中，适当与自然科学、数学划界，可能是问题的关键。不借鉴经验科学与数学的进展不行，介入多了也不行，冒充科学更不可取。在世上，一个智力普通的学人，经过努力，想在工程技术、经验科学上取得一定的成绩，也许并不很难；但要在数学上做出贡献，就比较难；要在哲学上做出属于自己的工作，难度更是不小。社会民众、校方、官方也不要对普通哲学工作者的创新能力，抱有太大期望。哲学创新需要宽容的社会氛围，要站在巨人的肩上，多读经典，细致思考，更应当结合实际，洞察当代社会。

田松（2017.07.24）：不小心就说了 6000 多字，也从 6 月说到 7 月。当年夏平（Steven Shapin）说，科学家已经从神圣的使命变成了一个职业性的工作。其实人文学者的情况也是类似的。简而言之，都是从散养的变成了笼养的，从思想者变成了一项职业。高度的专业化使得学术评价和学术管理更容易操作，借用黄仁宇的说法，进行数字化管理。孙正聿先生说："体制内生存，体制外思考。"此话大有深意，有多重解读方式。从学术与思想的角度考虑，体制内生存，要靠学术，体制外思考，则需要有思想。不过，很多人在应付体制内的学术之余，已经无力再有体制外的思想。我想起你以前说过，身为教授，多发文章是不道德的。这话还应该提高到更高的层面来理解。多发文章，占据了有限的体制内生存所必需的版面，对于别人尤其是对于年轻人来说，是不道德的。同样，对于自己，也是不够好的。人生有限，时间一维，同样的时间，如果用来多发一篇文章，就不能用来养护自己的思想。

我这些年，常常感到担忧的是，没有时间读闲书——读与当下的学术、课题、约稿没有任何关系的闲书。

在具体的体制内生存的学术中陷得越深，就越难以看到全局。很多人精于数叶子，把某一棵树的叶子一片一片地数过，一遍又一遍，却从来没有见过森林。

实质等同与实质不同

田松（2017.8.22，六哩溪）：华杰，刚刚看到你又发明了一个概念，"实质不同原则"（The Principle of Substantial Non-Equivalence），这个概念可以和"不对称原则"并列，是你对学界的又一个重要贡献。实话说，我初一看，觉得比较一般，但是马上就有醍醐灌顶的感觉，耳目一新。这是你的发明，所以还是请你先来介绍一下，发明这个概念的缘由。

刘华杰（2017.08.23，西三旗）：其实，没什么了不得的。最近几年，我看到、听到太多关于GMO问题上不讲理的论辩，今日有感而发吧。

不分青红皂白，动不动就拿"实质等同原则"来说事，把自然杂交中出现的基因流动说成与现在人为的、快速的转基因是一回事儿，比如宣称地瓜是一种天然的转基因作物，"大自然也是转基因爱好者",这种偷换概念的做法让人不服。既然他们总说"实质等同",我就倒过来,不断考虑"实质不同",看看有没有道理。就像被质疑"人总应该需要蛋白质吧",你就针锋相对构造出一个命题:"我们就是不需要蛋白质!"我们都是在做哲学回应。其实,"实质不同"(Substantial Non-Equivalence)的说法早就有了,比如刘实就用它来反驳"挺转"人士的无效论证。我只不过想从方法论的角度,把它上升为一般原则,也就是说,当我们比较两个东西 A 和 B 时,即使找到了无数个相似之处,也依然可以说 A 与 B 实质不同,因为从定义上讲以及从经验调查的角度讲,A 就是不同于 B。按泡利不相容原理,再推广一下,世界上没有两个完全一样的东西。我本人也确信,就某些 GMO,确实存在着"实质不同"现象。注意,为稳妥起见,我没有谈全称判断,只涉及存在命题。从哲学层面讲,实质等同是相对的,而实质不同是绝对的。当然,我们一般不需要时时处处推到如此极端。本来,"实质等同"和"实质不同"都是在一定条件下使用的概念,只要把条件讲清了,都可以使用。

田松(2017.8.27,采石路):我也正是从哲学的意义上看这件事儿的,这才觉得醍醐灌顶。"实质不同原则"并不是新命题,古希腊赫拉克利特就说"人不能两次踏进同一条河流",中国古人说"此一时,彼一时也",佛家也讲"无常"才是常态。只不过,我们被"实质等同"这个障眼法给蒙骗了,以致忘记了,"实质不同"才是常态,才是默认值,而"实质等同",只能是在非常局部、非常短暂情况下的近似值。你重新提出"实质不同",一下子就把历史智慧唤醒了,令人恍然大悟。

2005 年,国际物理年的时候,我们讨论物理学的负面影响,其中很重要的一个就是机械论、还原论和决定论的机械自然观。这种观念深入我们的缺省配置，被人默认为世界原本的样子，以至于面对"实质等同"这样的说法，一时都找不到明显的破绽。以前我们似乎讨论过，"实质等同"是强还原论观念的产物。但是那种论证比较麻烦。而提出"实质不同"，就有一个简明的武器，简明的话语方式，与"实质等同"对抗。这个对抗是耐人寻味的。比如首先，稍加思考，就会发现，在这两个针锋相对的命题中，对于"实质"这个概念的理解，可能就是不同的。何为"实"，何为"质"？甚至可以说，对于"实质"的不同理解，已经隐含在命题之中了。

刘华杰（2017.09.07，西三旗）：在日常语言和科学语言中，用到的"同"与"不同"都是有条件的、近似的。究其极致，两个事物，不同是绝对的，同是相对的。相似性，是一种认知方法，在自然科学成为一类专门学问之前，全世界的人都已在使用。甚至可以猜测，人之外的动物也在使用相似性方法，有一些野外证据可以表明这一点。但在科学之前、之外，对相似性方法的运用通常是非定量的、近似的，条件经常没有一一阐明。也就是说，对相似性方法的运用不严格。那么，有了科学之后，对这一方法的运用是否就都严格了？根本不是。其中麦克斯韦当年就讲到科学界在因果推断上盲目相信"原因中的相似性将导致结果的相似性"。麦克斯韦指出这是有严重问题的，因为有的系统满足这一点，有的系统（如非线性系统）并不满足这一点。这个跟非线性动力学有关。在麦克斯韦之前，我们科学哲学界的元老休谟也早就指出过这一点。

在科学技术的时代，为了检测食品等，使用了"实质等同原则"，这本来无可厚非。科学家有权使用，但是要指明条件，不能脱离条件乱用，不能把具体的事例不加论证地扩展到全称判断。

比如 2017 年 8 月 22 日，我看到上海辰山植物园的一则微信，讲的是"辰山科学家揭开甘薯（地瓜）身世之谜"，其中故意混淆视听，加了一句"甘薯居然是个天然的转基因作物！因为其基因组中天然就含有了农杆菌的 T-DNA 序列"。马上又前进一步，说了更无厘头的话："也就说我们早已经在不知不觉中吃过了未经科学安全评估过的'转基因食品'！而且已经吃了上千年（约 8000 年至 1 万年）！貌似大家都还活得好好的嘛……而现代流行于生命科学领域的转基因技术正是模拟利用了这一过程。"（署名作者：辰小山，时间：2017.08.21，微信号：上海辰山植物园）作者故意混淆现在生命科学中的转基因操作与漫长的生命演化过程中的基因跨物种交流。

这当然涉及相似性，但其间的相似性有多大？在涉及安全性时，科学家似乎陡然变谦虚了，强调现代科学与古老过程的一致性，即新做法与原有的做法"本质"上一回事。但是大多数情况下，或者真实的自我认知是，科学家认为自己很牛，在创新，在发明新的原来不存在的东西。在申请课题，跟国家要钱时，科学家绝对不会说，自己要做的东西是 8000 年前就有的东西！此时，他们一定强调差异性，即非相似性。不但与 8000 年前不同，而且与近一两年其他科学家做的都不同。此时强调不同，项目才有可能获得资助。

田松（2017.09.07，采石路）：仔细分析一下"实质等同"这四个字，还是能品出很多余味的。说两样东西"实质等同"，其实已经承认，两样东西不是一样东西，而且有一些不同，但是，它们的"实质"是相同的。就转基因这个问题而言，什么是实质呢？就是把它们还原到营养素的层面。我曾经在《我们就是不需要蛋白质》这篇文章中对此做过分析，就是相信食物作为一种整体形态是不重要的，重要的是其中的营养素，所以食物就可以还原为营养素的集合。一种食物，就会变成一个营养素列表；转基因水稻和天然水稻，所包含的营养素相同，各营养素的含量百分比也几乎相同，于是，"实质等同"。所以，这里的"实质"，指的是营养素。然而，这种"实质"的等同，就是等同吗？如果还原到原子层面，金刚石和石墨还是实质等同呢！但是金刚石和石墨，显然是有"质"的不同。一件背心、一条短裤，都用棉线织成，是否也实质等同呢？还原到组织、器官的层面，人和黑猩猩也是实质等同吧？中国古语所说的"失之毫厘，谬以千里"，正好可以用来批判这种实质等同。

回到食物上来。如果把食物还原到营养素的层面，不要说转基因水稻与天然水稻，连土豆和辣椒之间，也没有"质"的不同，只有"量"的差异了。因为所有食物之间的差别，都只在于营养素列表后面的百分比。如果我们承认土豆与辣椒之间有"质"的差别，那么这个"质"，就不能归结到营养素上。

在主张"实质等同"的人看来，食物的整体是不重要的，重要的是其中的"质"，并且，这种"质"是超越性的，超越时间、地点，超越一切条件。这是一种极强的"本质主义"立场，我在另外一篇文章说过，这样的本质，必须由上帝之眼才能看到。

辰山植物园这个例子非常有趣，我觉得首先是一个科学传播问题。有心人可以以此作为学位论文，讨论一下挺转人士的叙事策略。最初，他们说自己高明的时候，还曾特别强调转基因与杂交的"质"的不同，转基因是高科技，杂交只是瞎碰。在转基因遭到质疑之后，他们又开始混淆两者的差别，说杂交也是一种转基因。最初，他们必然要强调转基因与天然过程的差别，现在，他们竟然宣称，存在天然的转基因生物了。这种叙事策略的变化，颇为有趣。

不过，这里，我还是从哲学上讨论它。在署名者"辰小山"看来，存在一种超越性的绝对的叫作转基因的东西。只要一种生物含有另一种生物的 DNA 序列，就是转基因。因为甘薯中含有农杆菌的 DNA 序列，所以甘薯就是天然转基因。按照这种说法，生命演化过程，岂不是可以叫作转基因过程了？按照现在的演化学说，从无机物到有机物，从有机小分子到有机大分子，从单细胞到多细胞，再往后，生命体相互融合，得有多少转基因过程啊！一个命名，必须能够把此物与彼物区分开来。从人类学的角度，一个命名，是在一个具体的时间针对一个具体的对象做出的。一个名称命名给甲，就不能用它命名与它相似的乙了。转基因是某些科学家针对自己的某些活动某种技术做出的命名，它有具体的所指。此外的活动，即使存在类似的过程或者类似的效果，也不能叫作转基因。

而且，"辰小山"这个说法还会让转基因科学家的专利陷入危险之中，如果存在天然转基因，并且，"现代流行于生命科学领域的转基因技术正是模拟利用了这一过程"，那么，孟山都如何能够证明，某位农民的转基因种子，是源自孟山都科学家的发明，还是源自这些科学家所模拟的天然过程呢？

刘华杰（2017.09.09，昌平）：当然，高科技农业公司还是有一些办法证明自己所做的具有独创性的"贡献"的，在专利识别上他们早就做好了准备。

我们关注的是更一般的问题。在讲述两个东西"实质等同"时，如你说的确实要交代清楚"实质"指的是什么，否则要强调的"等同"可能非常泛化，没有实质意义！来看一个集合：

〔石头，辣椒，西红柿，猪，猕猴，苹果，胡椒，茄子，人参果，部分挺转人士〕

这里有10个类别或集合元素，因为有人，咱就别说"东西"了。在一定条件下，是可以说此集合中若干元素实质等同，都是物质嘛！但条件必须大致交代清楚，即把分类条件说清楚。就物质与非物质来划分，大家都是物质。就有机无机来划分，石头与其他9个不同。此时可以说其他9个实质等同，条件已经交代过了。在有机这9个当中，以植物为条件，猪、猕猴、部分挺转人士与其他的植物实质不同，而划分出的两个类别内部实质等同。再细分，以茄科作为条件，那么只有辣椒、西红柿、茄子、人参果是一类，它们4个可以说实质等同。如果条件是"会说话却经常不讲理的"，满足这个条件的恐怕就不多了。不断加条件，以上10个元素最终则个个实质不同。这个例子非常简单，没有"见不得人"的高深科学。

上面的例子提到"已经吃了上千年"，这当然是一个条件，而且是大家能够明白的条件。吃了上千年的是什么？是基因，是原子，还是宏观生物有机体？就原子来讨论，意义不大，大家可能都包含C、H、O、N之类，外加少量其他元素。是基因吗？我认为也不是，古代人不知道啥叫基因，19世纪的人也不知道，更不知道转基因。人们直接吃的也不是基因，而是生物组织、机体。转基因生物，英文称GMO，直接意思是基因修饰生命体。GMO不可能是20世纪之前就有的东西〔顺便一提，现在许多学者把genetics说成"基因学"，这是不准确的，还是应当叫遗传学。因为genetics早就有了，此词的词根也不是基因（gene），20世纪之前显然还没有"基因"这个概念。把genetics称为基因学，与你讲的"先秦佛教"表述类似〕，与GMO有关的东西与之前的东西，在基因操作上，是实质不同的。都涉及基因流动，为何不同？此时，"实质"的含义就要凸显出来。简单地说，至少有两点不同：（1）人工与非人工；（2）时间短和时间长。不同物种之间甚至更大分类阶元之间都可能有基因交流，马古利斯的连续内共生理论（SET）已经讲过。但是，在20世纪之前，那些交流都是非人工的、在漫长时间内进行的。人工与非人工有啥区别？瞧瞧天然肉与人造肉、天然宝石和人造宝石、自然美女与VR美人吧。时间长短有啥重要的？时间长的通常经历了复杂的选择淘汰过程，而时间短的并没有，这个与你说的"历史依据"有关。理论上，GMO是许多不同的东西，未必个个有问题，但是目前的确不清楚它们中哪个或哪些有问题。它们蕴藏着风险，时间太短，不足以分辨得清楚。挺转者叫喊"听我的，没问题"，反转者说"凭什么听你的，可能有问题"。说到底，论辩不能代替实际检验。显然，我们指的不是短期内的认证式检验，FDA（美国食品和药物管理局）认证过的药物"反应停"后来也推翻了。

"辰小山"可能已经忍耐不住了，认为自己讲的只是地瓜（甘薯），不涉及什么石头、茄子。其实，哲学上是类似的（我没说实质等同）。我愿意提及姆潘巴效应（Mpemba Effect）：有时热水结冰比冷水结冰还快。当然，并非总是如此。同样是叫作"水"的东西，为何表现出不同的效果？世界上的水非常多样，水一般都含有杂质；含有杂质的水是正常的水，"水"这一命名针对的也主要是这类人们容易遇到的水。而蒸馏水或者更纯净的人造水，或者只由 H_2O 界定的水，是不正常的，甚至不能叫作水。目前对姆潘巴现象还没有被认可的统一解释，但人们倾向于认为水是不同的，水是有历史的、有记忆的，即现实中的一杯水按照不同的来源，其成分、物态可能很不同。此杯水不同于彼杯水，它们甚至可以是实质不同的，虽然通常人们认定它们是实质等同的。这个例子好像对挺转者有利，对我们不利。其实，例子还是公平的。冰块、热水、凉水、水蒸气，虽然是同一种物质（忽略杂质），但真的实质不同，不信的话，大冬天人们不喝水只吃冰块试试。同样，22℃的泉水，与从90℃冷却到22℃的热水瓶中的水，也是不同的，而且可能是实质不同的。

回到地瓜的例子，过去8000年的基因交换，与近期已经进行或者将来进行的人为的基因修饰，是实质不同的。此不同，表现在许多方面。

田松（2017.09.11，大康乌林）：的确，我们日常语言所说的"水"不等于H_2O，H_2O是一个化学概念，只有高纯的蒸馏水才可以叫H_2O，而"水"这个概念，从它出现的那一天，指的都是自然状态下的水，无论河水、井水、露水，都不能还原到H_2O，也不能实质等同于H_2O。它们之间是否实质等同，也要看比较的"质"是什么。

有些人相信，存在着超越性的"质"，超越时间、空间，超越任何条件。并且，他们相信，他们能够掌握这种"质"。而在我们看来，这种"质"是不存在的。一切都是具体的、历史的、有条件的。所谓甘薯的"天然转基因"，根本就不能叫作转基因。

联想到近些年有些人强力主张的对中医药进行"废医验药"的说法，同样也是这种观念的产物。废医就不用解释了，所谓验药，就是把中药按照西药的原则，检测有效成分，进行双盲实验，如果能够通过这种"验证"，就保留下来，不能通过，则予以废除。这也是相信，存在着某种超越性的"质"，即所谓"有效成分"。他们相信，这些"有效成分"的"效"具有超越性，无论对什么人，在什么情况下，都能同样有"效"。但是显然，这种观念与中医的基本原则是相悖的。

甘薯的"基因交换"与当下高技术"转基因",如果仅仅考虑甘薯中含有某某菌的 DNA 片段,与转入了 BT 菌 DNA 片段的水稻相比,似乎很像是一回事儿。考虑到具体的语境,两者完全不是一个事儿。你已经提到了两点,一个是人工与天然之别,一个是时间长短之别。

人工与天然之别,在我们看来,是很重要的差别。在另外一些人看来,也可能很重要,但是与我们的价值判断正好相反。挺转人士大概会觉得转基因鬼斧神工、人工胜天然吧。时间长短在那些相信掌握了超越时空的"质"的人看来,也是无所谓的。但是,对我们来说,却是关键性的。有时间,才有历史。经过了时间的考验,才有历史依据。在这里,历史依据可以稍稍具体一点,用演化论和生态学的话语来阐释。

甘薯是大自然自身演化出来的,甘薯与其他生物之间,达成了某种共生,达成了某种生态秩序。我们今天看到的甘薯,就是含有了所谓农杆菌 DNA 片段的。如果从甘薯的 DNA 中,除去了农杆菌的 DNA 片段,是否还是甘薯,就是个问题。大自然中是否存在那种植物,也是值得怀疑的。同样,天然的水稻,由大自然自身演化出来,与其他生物达成共生、达成了生态学关系的,就是那些不含有 BT 菌 DNA 片段的水稻。强行把 BT 菌的 DNA 片段植入水稻,水稻还是不是水稻,也是可疑的。至少,那些曾经与水稻共生达成生态秩序的其他生物,没有同意这件事儿。这可以说是生态学不同。

人与食物之间,也具有生态学和演化论的关系。人与食物是共同演化而来的。8000 年前的人与 8000 年前的甘薯,是否与今天的相同,也是一件可讨论的事儿。但是,如果人类真的食用甘薯达 8000 年，那么，8000 年来，人与甘薯已经共同演化了。——不仅人会选择甘薯，甘薯也会选择人，那些不能接受甘薯的人，也会在演化中被淘汰。

当然，我对所谓食用甘薯 8000 年这个说法是非常怀疑的。按照我粗浅的历史知识，地瓜之类的食物，是从南美扩展到全世界的。中国人大量引入南美物种，要到清朝了。所以，所谓人类安全食用甘薯 8000 年，肯定是不包括中国人的。

刘华杰（2017.09.12，西三旗）：昨天下午收到新一期《自然辩证法研究》（2017 年第 8 期），上面有一篇论文《实质等同原则缺陷与转基因作物评价原则体系建构》，它从五个方面讲述了实质等同原则的缺陷：实验不足、忽视过程、线性逻辑、缺乏历时、价值隐患。之前毛新志、卞上等人也都做过非常好的工作。这是好现象，表明自然辩证法界思维方式的一种转变。学者的讨论未必每一条都靠谱，但是多样性的声音和非利益相关学者的讨论非常重要。即使 GMO 有一天被证明个个都没有问题，此证明所依据的逻辑也不可能是现在仍然有市场的实质等同原则。

田松（2018.07.10，伊萨卡学院）：忽然发现，上次我们的对话到这儿戛然而止了。转眼就快一年了。这一年里，关于转基因问题的争论仍然在继续，局面更加复杂。我现在关注文明研究，习惯于把一切问题纳入文明框架中讨论。转基因问题也是这样。走向生态文明，需要国民整体的生态理念的转向，当这个转向完成之后，转基因的基本逻辑就不攻自破了。当然，这还需要漫长的时日。所以这个争论，还会持续下去。

卡辛斯基与工业文明批判

刊于《关东学刊》2018年第1期(总第25期)",文前摘要为该刊所拟

摘要：邮包炸弹客卡辛斯基是受过高等教育的知识分子，曾在一流大学任教。他以公开发表长篇论文《论工业社会及其未来》作为条件，停止恐怖活动。如何评价卡辛斯基的思想，如何评价卡辛斯基的行动，尤其是那些赞成卡辛斯基理论的人士，应该如何面对这个矛盾？两位作者以对话方式，介绍了卡辛斯基的活动和观点，认为其长篇论文对工业文明进行了全面的系统的批判，有思想价值；他的恐怖活动是犯罪行为，与其理论存在关联，但并不是必然的。

刘华杰（2017.09.27，西三旗）：2017年9月15日，一则较长的微信文章《卡辛斯基的警告》被多处转载，短短几天，总阅读量就超过十万。江晓原在微信中跟我说："这是反科学主义言论前所未有的广泛传播！"

实际上，波兰裔美国人、密歇根大学数学博士、前加州大学伯克利分校教授卡辛斯基（Theodore Kaczynski，1942—2013）作为"大学炸弹客"（unabomber）的"事迹"，《南方周末》2014年2月下旬就报道过，而且将此事件的发生与美国开展的通识教育、芒福德（Lewis Mumford）的技术哲学以及"垮掉的一代"联系起来。但2014年在中国并未产生很大的影响，也许那时微信的传播潜力还未发掘出来。而在这之前的2007年，第4期《新世纪周刊》（由财新传媒与中国海南改革发展研究院联合出品）上特约记者关雪菁的文章《卡辛斯基：以炸弹对抗科技》，就详细报道了这一事件，并且与技术哲学中的卢德、新卢德分子联系起来讨论。也就是说，十年前中国的媒体上就报道了这一不寻常的事件，但影响很小，即使在技术哲学领域，许多人迄今也不知道这件事。

而卡辛斯基的最早行动发生于1978年5月，他的长文《论工业社会及其未来》于1995年9月19日在《纽约时报》和《华盛顿邮报》上发表，他被捕于1996年4月3日。

卡辛斯基对工业文明的批判令我想起小说《天使与魔鬼》（人民文学出版社2005年版）中的段落。没准丹·布朗就受他的启发而创作了"教皇内侍"的角色。工业文明势力强大，卡辛斯基可能已经看到单纯的文字批判解决不了问题。"批判的武器当然不能代替武器的批判，物质的力量只能用物质力量来摧毁；但是理论一经掌握群众，也会变成物质的力量。"（马克思语）两种批判他都用上了，我们事后可以从容地、冷静地评论一下他个人实施的两种"批判"。

田松（2017.09.28，观云塘）：很意外，这几天连续有微信公号转发这篇文章。晓原兄也给我发了同样的消息："这是反科学主义言论前所未有的广泛传播！"我的回答是，如果没有炸弹，他的文章是否能传播得更广？

所谓天时地利人和，先知永远是孤独的。思想传播同样需要天时地利人和。时候不到，越是领先于时代的思想，就越不能被人理解。即使使用了炸弹，也只是轰动一时。文章提前发表出来，提前被人看到，也提前被能够理解的人理解了，不过，似乎也很快被人放在一边。黑塞（Herman Hesse）在小说《荒原狼》中表达了这样的思想，真正痛苦的是那些生活在两个时代夹缝中的人。他们看到了所处时代的荒谬，再也无法心安理得地在此时代生活，享受此时代的各种好——所有的好，都变成折磨，而同时，他们又无法穿越到未来属于他们的时代。他们的呼唤，被视为疯子的呓语。

如果不是你说，我还不知道卡辛斯基事件已经在中国被报道了。——这样的事儿，连我这样的反科学文化人都不知道，可想而知它的传播力度。我刚刚也做了一下功课，发现它在中国还有更早的传播。

2011年，豆瓣网上有人介绍连环杀手，详细地讲了卡辛斯基的故事（《泰德·卡斯辛基：一个连环爆炸杀手的双重生活》）。

在下面的跟帖中，有人给出了卡辛斯基的原文和译文的链接。全部原文在2010年被人上传到"新浪爱问"共享资料中。甚至，在卡辛斯基事件爆发（以1996年4月3日卡辛斯基被捕为标志）的那一年的11月，中国文史出版社就出版了《轰炸文明：发往人类未来的死亡通知单》（刘怀昭、王小东著），其中详细介绍了这一事件，并且，其中还有王小东翻译的卡辛斯基长文《工业社会及其未来》。

如果从1996年11月算起，中文世界知道卡辛斯基事件应该有二十多年了。但是直到不久前,我才刚刚知道。这个传播速度,应该算是比较慢的吧。1996年的时候,我们中的大多数人还是科学主义者吧?如果那时我们看到这样的文章,会怎么评价呢?是会与大多数人一样,还是会引起共鸣呢?

刘华杰(2017.10.16):抱歉,回复迟了。中间赶上"十一"长假,我又回了一次东北。另外,用了几天时间仔细重读了卡辛斯基的文章。

如果1996年我看到他的文章,几乎会全盘否定。现在读,70%肯定,30%否定吧。

1996年我还是乐观的科学主义者,大约在20世纪末我开始转变。十年前才算比较彻底地完成向非科学主义者的转变。

田松(2017.12.04,观云塘):现在已经是冬天了。这可能是我们延宕时间最长的一次对话了。中间经过了很多事情,时时提醒我体制的存在。工业文明的社会体系,使这个社会本身愈像一个机器,只不过有些机器相对轻巧,运行流畅,有些机器设计笨拙,效率低,阻力大,运行起来处处噪声。虽然两个月前我已经找到了卡辛斯基文章的中英文全文,不过我一直没有顾得上通读。很想先听听你的转述。

刘华杰(2017.12.30,西三旗):2017年快过去了,我们的对话还在进行。卡辛斯基的文本值得认真对待,我已经是第二次阅读全文。每次阅读我都在电子版上做了标记、点评。

卡辛斯基面对的问题是,工业技术社会的大机器对个人自由的侵犯、对人性的贬损。卡辛斯基行文流畅、条理清晰,借助于心理学，用类似埃吕尔（Jacques Ellul）的技术哲学以及其他学术资源广泛讨论了左派、权力过程（power process）、替代性活动（surrogate activity）、新自由观、技术正负效应的整体性、人类快速演化、两种技术类型、俄国式与法国式革命、权力精英、分清敌友、自然作为理想等一系列复杂的问题，内容堪称丰富，也令人思索。

先看看他眼中科学技术创新的性质。"一些科学家宣称，他们的动机是出于好奇，这个概念十分荒谬。大多数科学家所研究的，都是高度专业化的问题，并非任何正常好奇心所指向的对象。例如，天文学家、数学家或昆虫学家会对三甲基丁烷的性质感到好奇吗？当然不会。只有化学家才会对此好奇，因为化学是他的替代性活动。化学家会对一种新发现甲虫的适当分类感到好奇吗？这个问题只有昆虫学家有兴趣，他对此有兴趣也仅仅是因为昆虫学是他的替代性活动。如果化学家和昆虫学家不得不认真努力从而获得物质必需品，而且如果这种努力需要他们以非科学研究的有趣方式发挥自己的能力，那么他们根本不会关心三甲基丁烷或甲虫分类。假设研究生教育的资金缺乏导致原本可能成为化学家的人成为保险经纪人。在这种情况下，他会对保险事宜很感兴趣，但不会再关心什么三甲基丁烷了。科学家们单纯以好奇心为理由将如此大量的时间和精力投入自己的工作，是难以服人的。"（第87段，参考了王小东的译文，略有改动，下同）

显然，他对科研的描述，与通常的认知差别巨大。他进一步分析了经常被提起的科学家从事科研的动机。卡辛斯基认为"造福人类"这个解释也禁不起推敲。因为一方面科研显然有着造成危险的可能性。以泰勒（Edward Teller）为例，起初他对于参与促进核电站建设十分热情。这种感情投入是否源于造福人类的愿望呢？那么他为什么要帮助发展氢弹呢？核电站是否真正造福人类也值得商榷。廉价电力的好处能够超过核废料累积和核电站危险事故带来的危害吗？对于核电的情感投入并非源于造福人类的愿望，而是源于泰勒将核电投入实用所带来的个人价值的实现。

卡辛斯基得出结论：科学家从事研究，"既不是出于好奇也不是为了造福人类，而是完成权力过程的需要"。其后果便是："科学盲目地前进，不考虑人类种族的真正福祉或任何其他标准，仅仅服从科学家以及提供研究资金的政府官员与企业高管的心理需求。"（第92段）

这些看法至少是反主流的，另外也是有趣的，甚至是有部分道理的。

田松（2017.12.30，观云塘）：转眼就是年底了。我在浏览中文版的时候，是跳着读的。有些部分感觉混乱，不过时常会感到共鸣。如果二十年前我读此文，可能会有挨闷棍的感觉，但是现在，如果感到意外的话，不是因为他的观点，而是因为他早在二十年前就提出这些。而在那时，我还处于只反技术、不反科学的反科学初级阶段，可以算是一个弱的科学主义者。从这点来看，卡辛斯基是一位先知。

卡辛斯基的很多观点与我们是一致的，比如你刚刚提到的，关于科学家从事科学活动的动机，我们从小被告知的标准答案就是满足人类的好奇心和求知欲，是为人类造福，而我们也想当然地接受了这样的说法。我不否认，这的确是某些科学家从事科学活动的动机，但是，对于科学共同体这个群体来说，这不过是他们的自我宣称，是公众一厢情愿的期望，并非是科学共同体作为一个整体的实际情况。相比之下，我们更能认同卡辛斯基的观点。

但是从时间上看,我的《警惕科学家》正式发表,是 2014 年 4 月的事儿了,比卡辛斯基晚了将近二十年。

卡辛斯基还有什么特别值得说的观点,还请再介绍几个。

刘华杰(2017.12.31):在讨论自然科学的性质之前,卡辛斯基用了不少篇幅描述了权力过程、满足问题,展现了对诸多社会现象的批评。现在稍微回顾一下。

卡辛斯基认为在现代工业社会,只需要付出一点点努力,就能满足最基本的生理需求,唯一的条件是听话、服从秩序。当然,他补充说这是针对西方主流社会说的,一些穷国的穷人还做不到这一点。满足了基本生理需求之后,还要做些别的,于是"现代社会充满了替代性活动":包括科研工作、体育比赛、人道主义工作、艺术和文学创作等,据此人们能获得额外的生理满足。但参加替代性活动会上瘾,永远不会满足,不容易停下来。"商人不断致力于获取越来越多的财富。科学家刚解决了一个问题就又着手解决下一个。长跑运动员总是驱使自己跑得更远更快。很多追求替代性活动的人会说他们从这些活动中得到的满足感,远多于从平凡的工作或生理需求的满足,但是这是因为在我们的社会中,满足生理需求所需要的努力已经降低到了不值一提的程度。更重要的是,在我们的社会中,人们满足生理需求的方式并非自主,而是充当巨大社会机器的零件。相反,在追求自己的替代性活动时人们普遍有很大的自主性。"(第 41 段)也就是说,人想通过替代性活动获得更大的自由,实现"权力过程"。当然,并非所有人都有相同强度的追求自主性的欲望。有的人就是喜欢服从,有的士兵通过战斗技能来获得权力感,对于盲从上级感到相当满意(第 43 段)。不过,大多数人还是要通过权力过程来获得自尊、自信和权力感。可以看到，卡辛斯基讲的这些与马斯洛讲的需求层次理论是一致的，他也顺便嘲讽了现代社会的"社会机器"。现代社会生产力发达，老老实实当个顺民、混口饭吃似乎不是特别难的事情了，而想获得一定的社会地位、受人尊重，却不那么容易。

现代社会不会让权力过程都充分实现。卡辛斯基将人类的欲望分为三类：（1）可以通过最少努力得到满足的欲望；（2）需要付出大量努力才能满足的欲望；（3）无论如何努力也无法充分满足的欲望。而权力过程满足的主要是第二种欲望。在原始社会，满足基本的物质需求也很艰难，因而欲望属于第二类，但现在被转化为第一类了，因为吃饱饭之类并不难。性、爱与社会地位等社会需求，在现代社会中往往属于第二类。广告和营销活动就是通过宣传让人们把本来不会考虑的事情列入第二类，让人们为此奋斗。而对安全感的追求，属于第三类，也有一部分属于第一类。大多数人都只能在一个非常有限的范围内确保自己免受威胁，个人对于安全的追寻因此而受挫，这也导致了无力感（第67段）。原始人的生存充满了危险，但安全问题大体而言还是掌握在自己手里的。而现代人的安全问题则掌握在那些距离他太远或规模太大，以致他无法施加个人影响的机构组织手里。在某些领域，他的安全只需要一丁点儿努力就能得到保证（有饭吃，有地方住），而在其他方面他则完全无法自行获得安全。百姓的生命经常取决于核电站是否得到了恰当维护、食品中许可的农药残留量或者空气中许可的污染物含量有多高、医生的技艺有多高明，而能否找到工作取决于政府经济学家或企业高管的决策。

卡辛斯基也指出，在现代社会，人们的"权力过程"经常遭到剥夺。现代人对于长寿的痴迷就是一种不满足的症状。自然，这里说的是权力而非权利。卡辛斯基说:"在原始社会,生活是一连串的阶段。一个阶段的需要和目的已达成之后,原始人就会自然进入下一阶段而并不感到特别勉强。一名年轻男子通过成为一个猎人来完成权力过程,他的狩猎活动不是为了取乐或满足感,而是为了得到必要的肉食。顺利通过这一阶段后,年轻人就会毫不勉强地承担起养家的责任。同样,在成功地养育了他的孩子,通过为他们提供物质必需品而完成权力过程之后,原始人会认为他的工作已经完成并坦然接受衰老(如果他能活这么久)与死亡。另一方面,许多现代人对于死亡的前景感到不安,他们付出了大量努力试图维持自己的身体状况、外观和健康。我们认为这是由于他们从来没有以任何方式使用自己的身体,从来没有通过认真地使用自己的身体来完成权力过程,因此感到不满足。原始人每天为了实际目的而使用自己的身体,而现代人对于身体的实际应用无非是每天下车走回家,真正担心年岁增长却是后者。在人生当中满足了权力过程需要的人最能接受人生的结束。"(第75段)这种分析,或许有一定的道理。

　　卡辛斯基接着简单地讨论了一下现代社会不同类型的人类群体和个人对于现状的态度和应对方式,得出结论:权力过程受阻、自主性不足,最终会导致对人的贬低。

　　然后卡辛斯基回到现代社会中科学研究的性质问题,这也就回到了昨天我们讨论的内容。他认为,科学和技术为替代性活动提供了最重要的例子。实际上,科学技术问题才是其《论工业社会及其未来》反思的重点和关键,其他都是铺垫。科技是工业文明的重要支柱,能反思科技这个支柱,相当不容易。

　　胡塞尔的反思,让人们回忆伽利略和笛卡儿所做的工作,卡辛斯基的反思则直接引向一种行动。你我,也有自己的反思,并有相应的行动。于我而言，最终导致复兴"平行于自然科学"的博物学的行动。

田松（2018.01.06,观云塘）我们的对话从2017年跨到了2018年，让人想起当年背诵过的课文："时间永是流驶，街市依旧太平。"谢谢你对卡辛斯基的详细介绍，此人的确算是一位先知，刚刚又浏览了卡辛斯基的著作，他对工业文明的批判、对于社会现状的描写，都是相当深刻的。他所思考的很多内容与诸多结论，与我们的观念非常吻合。他对工业文明的批判不是局部的，而是全面的、整体的。他的批判不是社会批判，而是文明批判。

这个文明整体出了问题，单靠对一个个局部的社会问题进行修补和改造是无济于事的。粗略来说，卡辛斯基从三个层面展开了批判。首先是个人生活被异化，失去主体地位；其次是社会整体在加剧这种异化，社会整体失去方向；最后是在人与自然关系方面，导致生态和环境问题。卡辛斯基强调，虽然对于最后一条他没有花费多少笔墨，但这一条是非常重要的。卡辛斯基已经建构了一个完整的理论体系，其中对科学及其技术的批判是整个理论的一部分。

社会批判与文明批判是一种粗略的划分方式，文明批判必然包括社会批判，社会批判向前走一步，就是文明批判。过程哲学家小约翰·柯布（John Cobb, Jr.）指出，工业文明既不能保障社会正义，也不能保障环境正义。两者都不能保障，那就是文明本身出了问题。

在文明批判的思想谱系中，卡辛斯基是一个值得重视的环节。将来也可以作为博士硕士论文选题。

而且，在卡辛斯基的理论与他的恐怖主义之间，是否存在一个必然的通道，也是非常值得我们讨论的。对于卡辛斯基这种恐怖主义，不妨命名为理想主义的恐怖主义。理想主义的恐怖主义者当然不止卡辛斯基一个，只是，卡辛斯基做得更加极端。而他的理想，在诸多有理想的恐怖主义者之中，也是一个孤例。

刘华杰（2018.01.15，珠海）：卡辛斯基一举成名，因恶行而臭名昭著。他为何采取恐怖行动？多数思想家并不行动，他为何行动？在他的文字中我找到了他寄炸弹的原因："如果我们此前从未进行任何暴力活动，那么将这份文稿交给出版社之后很可能不会得到接受。即使它被接受、得以出版，恐怕也不会吸引太多读者。即使能够吸引到大量读者，这些人中的大部分也会因置身于媒介提供的海量信息当中而很快将其忘掉。为了将我们的信息传递到公众面前，并有机会产生持久影响，我们不得不杀人。"（第96段）这是一个说得通的理由，虽然并不能引来人们的同情和支持。因为如果默许了这样的先例，会吸引大量模仿者。他这样做甚至跟中国的"民科"劫持公共汽车希望借此引起媒体注意进而宣传自己的科技创新类似。

卡辛斯基的理论与他最后的恐怖行动之间的关联，确实值得思考。由思想到行动，其间有巨大的鸿沟。两者有关但没有必然联系，不能由其思想完全推出其行动。也只有适当分离，才能谈其思想的价值。不过，恐怖行动也有多种类型，北大老校长蔡元培加入过暗杀团，也参与研制炸弹，暗杀慈禧。蔡元培并没有因此而受指责，反而增加了"革命家"一项头衔。当然，蔡元培针对的不是平民，而是反动分子的头目慈禧。卡辛斯基针对的也不是平民，而是对造成工业化困局负有重要责任不加反思的专家。那么，卡辛斯基这样做能称得上革命、暴力革命吗？现在已经不是革命的年代，这样思考可能不合适。即使考虑革命，改变这个社会，要革谁的命？不管怎么说，我个人认为，他的行动是不合适的，不能开了这个口子。基于类似的理由，我对俄国革命也不完全认同。任何时候，都要警惕革命者，毕竟"革命不是请客吃饭"。

田松（2018.01.31—02.04, 观云塘）：对于卡辛斯基的恐怖行动说不，当然是政治正确的。但是，仅止于此，并不能理解卡辛斯基这个现象。事实上，社会也不会默许这种行为，卡辛斯基被判终身监禁，不得保释。卡辛斯基看起来也像是一个"殉道者"，他拒绝了律师的辩护，坦然坐监。

在理想主义与恐怖主义之间，似乎存在一个通道。其中的基本逻辑就是，以身试法。其目的在于唤醒民众，改造社会，建设新法。比如美国民权运动期间，很多人主动触犯当时的种族隔离法，主动进监狱，"把监狱填满"。主动犯法，并且承担代价。

你给出的蔡元培参加暗杀团的例子，也大可以拿来比较。革命家以推翻清政府为己任，把暗杀作为常规手段。这里面的确有理想主义的色彩。就如当初的革命青年汪精卫的名句"引刀成一快，不负少年头"，很有慷慨赴死的勇气与决心，愿意为自己的行动付出代价。这是一种有担当的理想主义的恐怖主义。

不过，也有一些正义感爆棚的人相信自己是"真理"与"道德"的化身，并认为自己能够代行"真理"与"道德"，他们有以身试法的行动，但是不愿意承担以身试法的代价。比如某些青年，敢于火烧赵家楼，却不愿意承担法律责任。这些年反日反韩的群众运动中涌现的砸车青年，也可以归入这一类。

近些年发生了很多爱狗人士发动的高速公路拦车救狗事件。我相信，这其中存在着相当一部分理想主义者，而且其中有一部分是有担当的。如果他们能够成为拦车救狗的主流,我的确相信,他们不仅可以救下一车一车的狗,也能够在立法和司法层面,推动中国的动物伦理,使得他们不再需要为救狗而拦车。

当然,目标有大小。拦车救狗,意在动物伦理,众生平等,是个小目标。推翻清政府,则是颠覆政权,是个比较大的目标。卡辛斯基要颠覆工业文明,是个更大的目标。目标越大,敌人越是模糊。

辛亥革命者与卡辛斯基,还有更多的可比性。

自1978年到1995年,卡辛斯基向大学和航空公司共寄出16枚炸弹,死3人,伤23人。他的邮包炸弹在芝加哥大学、西北大学、耶鲁大学、密歇根大学、范德堡大学、加州大学伯克利分校等高校爆炸,也在航空公司和航班上爆炸,死伤者有大学理工科教授、计算机专家、工程专家,也有航空公司老总,这些都与他所批判的工业文明有莫大关系。不过,也有误伤。比如他寄出的第一个炸弹,目标原本是芝加哥大学的工程教授巴克利·克利斯(Buckley Crist),但是包裹引起巴克利的怀疑,他叫来了保安,保安打开了包裹,被炸成了重伤。卡辛斯基还曾将炸弹装到了一架由芝加哥到华盛顿的航班上,所幸炸弹出了故障,否则难免机毁人亡。

同样,辛亥革命者的暗杀对象,也不都是"坏人",甚至很多是有意推动立宪的"好人",在革命者的理论中,这样的人会对大清帝国有利,对于革命当然也就是不利的了。所以,如果赋予辛亥革命者的暗杀合理性,卡辛斯基的暗杀也就有了合理性。

从目前的材料看,卡辛斯基不单纯是一个理想主义的恐怖主义者,也可能是一个精神病人。当然,卡辛斯基拒绝以精神病脱罪,这使得他更像是理想主义者。

我当然不想为恐怖主义辩护,哪怕是理想主义的恐怖主义。

虽然我对于有担当的理想主义者，多少是存有敬意的。而且，在理想主义与恐怖主义之间存在一个通道，是非常耐人寻味的，也是值得讨论的。

我还想讨论的是，卡辛斯基的恐怖主义是否有助于其理想主义。这需要一点儿实证的考察。

从现实来看，卡辛斯基发表了他的文章，并且获得了广泛的传播，产生了很大的影响，这似乎是说，他的恐怖行动帮助了他的理想主义。不过，这些后果，不通过暗杀这种恐怖活动就不能实现吗？我其实是非常不以为然的。

而且，以这种方式发表的文章，对于文章观点的传播可能有好处，但是对于观点的接受，可能是起反作用的。因为对于公众来说，这些观点就是一个疯子的观点，是一个恐怖主义者的观点。这导致的后果是，其他持有类似观点的人，也会被公众看作恐怖主义者。

对我而言，我的工业文明批判虽然与他有颇多相合之处，但是，他并不是我的思想资源。我今天看到他的观点，也已经不觉得震撼了。从这个意义上看，思想的产生与传播，并不需要借助恐怖主义。

后 记

田松

《学妖与四姨太效应》结集出版之后，我与华杰又保持了对话的惯性，差不多每年都有一两篇新的对话。几年前，华杰就有心再出一版，把新的对话增补进去。

前年春天，我在为一本小书《科学史的起跳板》寻找出版社的时候，结识了三联书店的徐国强先生。意外地发现，我们是科学史同行。他早就了解我们的工作，并非常认同。便有了这次的合作。

我自己曾经做过编辑，也与很多编辑打过交道。与国强的合作，让我感到极为舒畅，甚至连磨合都不需要。感谢他的努力。

当然，还有再次感谢为本书第一版付出劳动的几位朋友。我们的陈年老友韩建民先生，当时是上海交通大学出版社社长，在升职后急流勇退，加盟杭州电子科技大学，组建融媒体与主题出版研究院。当时的张天蔚总编辑，现在已经退居二线。当时的责任编辑李广良，现在是上海交通大学出版社总编辑。

江晓原先生曾为第一版作序，此次又修订而成新序，也要表示感谢。

2019 年 8 月 19 日
纽约州伊萨卡 鸟的乐园